高等职业教育建筑装饰工程技术专业"十二五"规划教材

建筑装饰制图

主 编　金　玲　孙来忠

WUHAN UNIVERSITY PRESS
武汉大学出版社

图书在版编目(CIP)数据

建筑装饰制图/金玲,孙来忠主编．—武汉:武汉大学出版社,2018.8
(2020.9 重印)
高等职业教育建筑装饰工程技术专业"十三五"规划教材
ISBN 978-7-307-19832-6

Ⅰ.建…　Ⅱ.①金…　②孙…　Ⅲ.建筑装饰—建筑制图—高等职业
教育—教材　Ⅳ.TU238

中国版本图书馆 CIP 数据核字(2017)第 276557 号

责任编辑:方竞男　　责任校对:邹　莹　　装帧设计:吴　极

出版发行:**武汉大学出版社**　(430072　武昌　珞珈山)
　　　　(电子邮箱:whu_publish@163.com　网址:www.stmpress.cn)
印刷:武汉图物印刷有限公司
开本:787×1092　1/16　印张:12.5　字数:295 千字
版次:2018 年 8 月第 1 版　　2020 年 9 月第 2 次印刷
ISBN 978-7-307-19832-6　　定价:49.00 元

前　言

    本教材是参照"高职高专院校建筑装饰制图课程教学的基本要求"编写而成的,适合高职高专院校建筑装饰工程技术专业及相关专业使用的教材。其内容以实用为目的,基础理论以必需、够用为原则,加深了实际的作图分析部分内容,体现了高职类院校以动手能力为主导的教学要求。本教材从对基本体的认识开始,通过对形体投影的分析,认识空间几何元素的投影特点,加强对学生思维能力的培养。建筑装饰制图是学生学习建筑装饰工程技术及相关专业的基础,只有学生能够看懂图、能够绘制图,才能学好相关的专业知识。

    本教材可作为高等职业院校建筑装饰专业,以及中职、成人职大和室内设计师培训班的专用教材,也可供从事室内外设计、装修工作的在职人员参考。

    本教材由甘肃建筑职业技术学院金玲、孙来忠担任主编。具体编写分工为:金玲编写第1~5章,孙来忠编写第6~10章。

    鉴于编者水平与经验有限,书中疏漏及不妥之处在所难免,恳请读者批评指正。

编　者

2018 年 4 月

特别提示

　　教学实践表明,有效地利用数字化教学资源,对于学生学习能力以及问题意识的培养乃至怀疑精神的塑造具有重要意义。

　　通过对数字化教学资源的选取与利用,学生的学习从以教师主讲的单向指导模式转变为建设性、发现性的学习,从被动学习转变为主动学习,由教师传播知识到学生自己重新创造知识。这无疑是锻炼和提高学生的信息素养的大好机会,也是检验其学习能力、学习收获的最佳方式和途径之一。

　　本系列教材在相关编写人员的配合下,逐步配备基本数字教学资源,主要内容包括:

　　文本:课程重难点、思考题与习题参考答案、知识拓展等。

　　图片:课程教学外观图、原理图、设计图等。

　　视频:课程讲述对象展示视频、模拟动画,课程实验视频,工程实例视频等。

　　音频:课程讲述对象解说音频、录音材料等。

数字资源获取方法:

① 打开微信,点击"扫一扫"。

② 将扫描框对准书中所附的二维码。

③ 扫描完毕,即可查看文件。

更多数字教学资源共享、图书购买及读者互动敬请关注"开动传媒"微信公众号!

目　　录

数字资源目录

1 制图的基本知识

【目的与要求】

　　掌握制图国家标准中的相关规定和规范,能够使用绘图工具正确地完成平面几何作图。要求作图准确,图面整洁,字迹工整,线型正确,线条光滑。

【重点与难点】

　　本章的教学重点是制图基本规格和规范,尺寸注法,绘图方法和步骤;教学难点是平面图形的尺寸注法和线段分析。

1.1 制图基本规定

1.1.1 标准概述

　　我国现已制定了 20000 多项国家标准,涉及工业产品、环境保护、建设工程、工业生产、工程建设、农业、信息、能源、资源及交通运输等各个方面。我国已成为标准化工作较为先进的国家之一。

　　我国现有标准可分为国家、行业、地方、企业标准四个层次。对需要在全国范围内统一的技术要求,制定国家标准;对没有国家标准而又需要在全国某个行业范围统一的技术要求,制定行业标准及地方标准;对没有国家标准和行业标准的企业产品,制定企业标准。

　　国家标准和行业标准又分为强制性标准和推荐性标准。强制性标准的代号形式为 GB ×××—××××,GB 分别是"国标"二字的汉语拼音的第一个字母,其后的 ××× 代表标准的顺序编号,而后面的 ×××× 代表标准颁布的年号。推荐性标准的代号形式为 GB/T ×××—××××。

　　顾名思义,强制性标准是必须执行的,而推荐性标准是国家鼓励企业自愿采用的。但由于标准化工作的需要,这些标准实际上都在严格执行。

　　标准是随着科学技术的发展和经济建设的需要而发展变化的。我国的国家标准在实施后,标准主管部门每五年对标准复审一次,以确定是否继续执行、修改或废止。在工作中应采用经过审订的最新标准。

　　下面介绍绘制图样时常用的国家标准。

1.1.2　国家标准介绍

1.图纸的幅面及格式［《技术制图　图纸幅面和格式》(GB/T 14689—2008)］

(1)图纸幅面。

国标规定了各种图纸幅面尺寸,在绘制技术图样时,应优先选用表 1-1所规定的基本幅面。必要时,允许选用规定的加长幅面,见表 1-2。

表 1-1　　　　　　　　　　**图纸基本幅面尺寸**　　　　　　　(单位:mm)

幅面代号	A0	A1	A2	A3	A4
$B×L$	841×1189	594×841	420×594	297×420	210×297
a	25				
c	10			5	
e	20		10		

表 1-2　　　　　　　　　　**图纸长边加长尺寸**　　　　　　　(单位:mm)

幅面尺寸	长边尺寸	长边加长后尺寸
A0	1189	1486、1635、1783、1932、2080、2230、2378
A1	841	1051、1261、1471、1682、1892、2010
A2	594	743、891、1041、1189、1338、1486、1635
A2	594	1783、1932、2080
A3	420	630、841、1051、1261、1471、1682、1892

注:对于有特殊需要的图纸,可采用 $B×L$ 为 841mm×891mm 或 1189mm×1261mm 的幅面。

(2)图框格式。

在图纸上,图框必须用粗实线画出。图框尺寸可从表 1-1 中查得。其格式分为不留装订边和留有装订边两种。不留装订边的图纸不论是横装还是竖装,在绘制图框时均从图纸的各边线往里量 10mm(或 20mm),即表中的尺寸 e。同一产品的图样,只能采用一种格式,如图 1-1 所示。

(3)标题栏。

每张图纸都必须画出标题栏,《技术制图　标题栏》(GB/T 10609.1—2008)对标题栏的尺寸、内容及格式做了规定(图 1-2),标题栏一般应位于图纸右下角(图 1-3)。标题栏中的文字方向与看图方向一致,标题栏的尺寸是规定的,而且不随图纸大小和绘图比例的大小变化,无括号的是规定字,有括号的要填写具体的真实的内容。

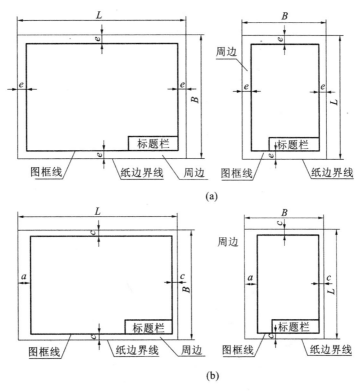

(a)

(b)

图 1-1　图框格式

(a)无装订边图纸的图框格式；(b)有装订边图纸的图框格式

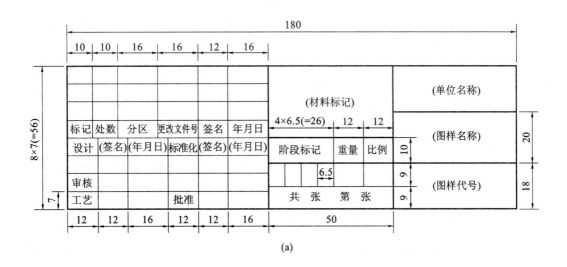

(a)

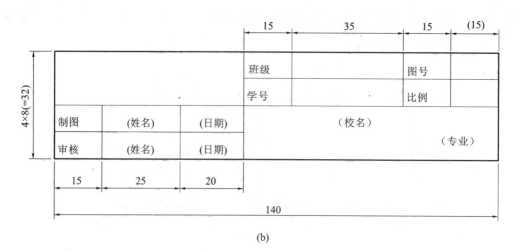

图 1-2 标题栏

（a）国标规定的标题栏；（b）学校制图作业使用的标题栏

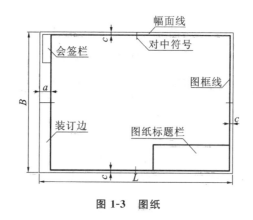

图 1-3 图纸

2. 比例［《技术制图 比例》(GB/T 14690—1993)］

比例是图中图形与实物相应要素的线性尺寸之比。绘制图样时,应尽量采用原值比例。若构件太大或太小需按比例绘制图样时,应从表 1-3 中选取适当比例。必要时允许采用表 1-3 中的可作比例。在建筑工程图样中,绘制各种图样所用的比例,可从表 1-4 中选取。

表 1-3　　　　　　　　　　　　　绘图所用的比例

常用比例	1∶1、1∶2、1∶5、1∶10、1∶20、1∶50、1∶100、1∶150、1∶200、1∶500、 1∶1000、1∶2000、1∶5000、1∶10000、1∶20000、1∶50000、1∶100000、1∶200000
可作比例	1∶3、1∶4、1∶6、1∶15、1∶25、1∶30、1∶40、1∶60、1∶80、1∶250、1∶300、 1∶400、1∶600

比例一般应标注在标题栏中的比例栏内,必要时可在视图名称的下方或右侧标注比例。无论用放大或缩小的比例,标注的尺寸都为真实尺寸,如图 1-4 所示。

表 1-4   建筑工程图样常用比例

图名	常用比例
总平面图	1：500、1：1000、1：2000、1：5000
平面图、立面图、剖面图等	1：50、1：100、1：20
结构详图	1：1、1：2、1：5、1：10、1：20、1：25、1：50

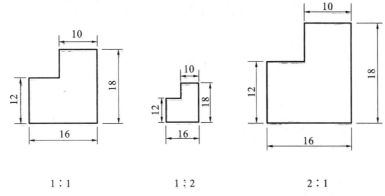

1：1   1：2   2：1

图 1-4   尺寸标注

3.字体[《技术制图　字体》(GB/T 14691—1993)]

(1)图样中书写的字体必须达到字体工整、笔画清楚、间隔均匀、排列整齐的要求。

(2)字体高度(用 h 表示)的工称尺寸系列为 1.8mm、2.5mm、3.5mm、5mm、7mm、14mm、20mm。若书写更大的字,其字体高度应按$\sqrt{2}$的比率递增。字体高度代表字体号数。

(3)汉字应写成长仿宋体,并采用国家正式公布推行的简化字。汉字高度 h 不应小于 3.5mm,其字宽一般为 $h/\sqrt{2}$。

(4)字母和数字分为 A 型和 B 型。A 型笔画宽度(d)为字高(h)的 1/14,B 型笔画宽度(d)为字高(h)的 1/10。在同一图样上,只允许选用一种形式的字体。

(5)字母和数字可写成斜体和直体。斜体字字头向右倾斜,与水平基准线成 75°。在 CAD 制图中,数字与字母一般以斜体输出,汉字以正体输出。

(6)《CAD 工程制图规则》(GB/T 18229—2000)中所规定的字体与图纸幅面的关系如表 1-5 所示。

CAD 中线宽及
字体高度设置

表 1-5   字体与图幅的关系   (单位:mm)

字体 \ 图幅 h	A₀	A₁	A₂	A₃	A₄
汉字	7	7	5	5	5
字母与数字	5	5	3.5	3.5	3.5

在机械工程的 CAD 制图中,汉字的高度降至与数字高度相同;在建筑工程的 CAD 制图中,汉字高度允许降至 2.5mm,字母与数字对应地降至 1.8mm。

长仿宋体汉字示例如下。

(1)A 型斜体拉丁字母示例见图 1-5。

图 1-5　A 型斜体拉丁字母示例

(2)A 型斜体数字与字母示例见图 1-6。

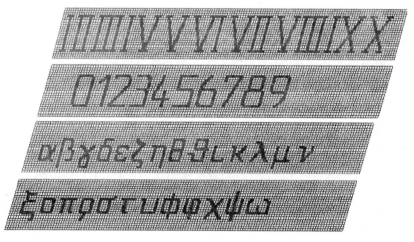

图 1-6　A 型斜体数字与字母示例

4.图线[《技术制图　图线》(GB/T 17450—1998)]

图线是起点和终点间以任意方式连接的一种几何图形,其形状可以是直线或曲线,可以是连续线也可以是不连续线。图线是由线素构成的,线素是不连续线的独立部分,如点、长度不同的线、长度不同的两点或两条线之间的间隔。由一个或一个以上不同线素组成一段连续的或不连续的图线称为线段。

（1）线型。

图线的基本线型见表 1-6，共有 15 种，其中 NO01 是连续线，NO02～NO15 是不连续线。常用图线的名称、线型、宽度及主要用途见表 1-7。

表 1-6　　　　　　　　　　　　　　　　　　　　基本线型

代码 NO	基本线型	名称
01		实线
02		虚线
03		间隔画线
04		单点长画线
05		双点长画线
06		三点长画线
07		点线
08		长画短画线
09		长画双短画线
10		点画线
11		单点双画线
12		双点画线
13		双画双点线
14		三点画线
15		三点双画线

表 1-7　　　　　　　　　　　　常用图线的名称、线型、宽度及主要用途一览表

图线名称	图线线型	图线宽度	主要用途
粗实线		b	可见轮廓线
细实线		$b/2$	尺寸线、延伸线、剖面线、辅助线、重合剖面的轮廓线、引出线等
虚线		$b/2$	不可见轮廓线
细点画线		$b/2$	轴线、对称中心线
粗点画线		b	有特殊要求的线或表面的表示线
双点画线		$b/2$	假想轮廓线、极限位置的轮廓线
波浪线		$b/2$	断裂处的边界线、视图和剖视的分界线
双折线		$b/2$	断裂处的边界线

（2）图线宽度。

本标准规定了九种图线宽度，所有线型的图线宽度（b）应按图样的类型和尺寸在下

列系数中选择:0.13mm、0.18mm、0.25mm、0.35mm、0.5mm、0.7mm、1mm、1.4mm、2mm。图线的宽度分粗线、中粗线、细线三种。在同一图样中,同类图线的宽度应一致。

A_0、A_1 幅面优先采用的线宽为 1 mm 和 0.5 mm,A_3、A_4 幅面采用的线宽为 0.7 mm 和 0.35 mm 两种。常用的细线线宽为 0.25 mm 和 0.35 mm。

(3)图线的构成。

手工绘图时,线素的长度应符合表1-8的规定。

表1-8 图线的构成

线素	线型 NO	长度
点	04～07	≤0.5b
短间隔	02、04～15	3b
短画	08、09	6b
画	02、03、10～15	12b
长画	04～06、08、09	24b
间隔	03	18b

(4)基本图线的颜色。

CAD工程图在计算机屏幕上的图线应按表1-9提供的颜色显示。

表1-9 CAD图层设置

图层名	描述	线型	颜色	线宽	
				A_3	A_1
原有结构	不可动的墙、柱、管井、排污管孔、排水地孔等(经改动的墙体、管井内须用斜线填充),原有建筑砌墙、涉及给水排水及铺地的卫浴设施	粗线	白色	0.30	0.40
建筑梁天花	原有建筑梁,分部结构轮廓线、天花大分级轮廓线、窗、门、楼梯	中粗线	黄色	0.18	0.22
新增结构、家具	新增的砌体装修结构、家具外轮廓线、单独结构最外轮廓线等	中粗线	深蓝色	0.22	0.28
植物	植物	细线	绿色	0.03	0.06
地面	地面材料铺设、铺设起止符号及辅助线等,设备(如烟感、喇叭、指示灯等)、天花灯具、喷淋、插座、开关、小结构轮廓线等	中粗线	洋红色	0.15	0.18
字、标注	区域所属名称及具体事物说明等中文标注,尺寸及其标注等	中细线	红色	0.12	0.15
填充	填充线等	细线	灰色	0.02	0.04
图框	图框,细分最小结构轮廓线、铺地、纹样等	细线	浅蓝色	0.08	0.12

（5）图线画法（图 1-7、图 1-8）。

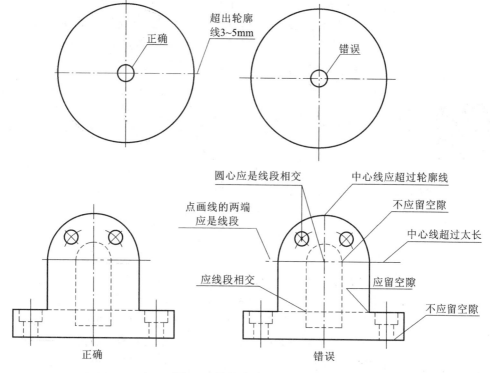

图 1-7 图线应用的正误对比

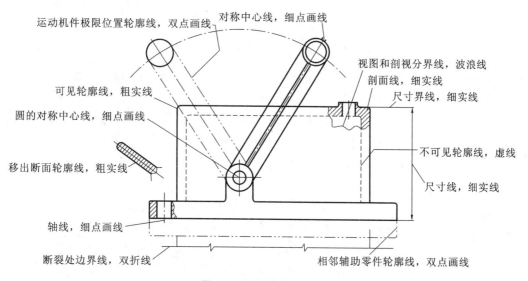

图 1-8 图线的应用示例

①粗线的宽度（b）应在 $0.5 \sim 2$mm 之间选择，应尽量保证在图样中不出现宽度小于 0.18mm 的图线。细线的宽度约为 $b/2$。

②同一图样中，同类图线的宽度应一致。虚线、点画线及双点画线的线段长度和间隔应各自大致相等。

③两条平行线(包括剖面符号)之间的距离应不小于粗实线的两倍宽度,其最小距离不得小于 0.7mm。

④绘制相交中心线时,应以长画相交,点画线的起始与终了应为长画。一般中心线应超出轮廓线 3~5mm 为宜。

⑤绘制较小图时,允许用细实线代替点画线。

尺寸标注

5.尺寸注法[《机械制图　尺寸注法》(GB/T 4458.4—2003)]

(1)尺寸的组成及其注法的基本规定。

①注写尺寸应注意不论图形放大或缩小,图样中的尺寸仍按物体实际尺寸注写。

②图样上的尺寸应包括尺寸界线、尺寸线、尺寸起止符号与尺寸数字等四要素,如图1-9所示。

③尺寸界线。

尺寸界线用细实线绘制,一般应与被注长度垂直,其一端应离开图样的轮廓线不小于 2mm,另一端宜超出尺寸线 2~3mm,并应由图形的轮廓线、轴线和对称中心线处引出,也可以利用轮廓线、轴线和对称中心线做尺寸界线。尺寸界线一般应与尺寸线垂直,当尺寸界线过于接近轮廓线时允许倾斜画出。在光滑过渡处标注尺寸时,必须用细实线将轮廓线延长,从它们的交点处引出尺寸界线,如图1-10所示。

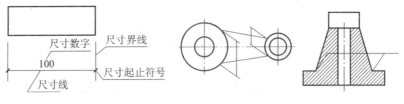

图 1-9　尺寸组成　　　　图 1-10　尺寸界线

④尺寸线。

尺寸线用细实线绘制,应与被注长度平行,不得超出尺寸界线,也不能用其他图线代替或与其他图线重合。当标注线性尺寸时,尺寸线必须与所标注的线段平行。

⑤尺寸起止符号。

2~3mm 中粗斜短画,与尺寸界线成顺时针 45°。半径、直径、角度、弧长的尺寸起止符号宜用箭头表示。箭头画法见图1-11。

a.箭头:箭头形式的尺寸终端,适用于各种类型的图样。

b.斜线:当尺寸线的终端采用斜线形式时,尺寸线与尺寸界线必须相互垂直。

c.一张图样中只能采用一种尺寸线终端的形式,不能混用。

d.CAD制图中的尺寸线终端可选用四种形式中的任意一种,手工绘图仅可选用实心箭头和45°斜线。

e.作图时如果画箭头的位置不够,可用45°斜线或圆点代替箭头,如图 1-12 所示。

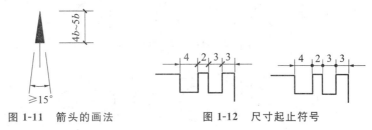

图 1-11　箭头的画法　　　　图 1-12　尺寸起止符号

⑥尺寸数字与单位。

尺寸数字说明物体的实际大小。图样上的尺寸,应以尺寸数字为准,不得从图上直接量取。

图样上的尺寸单位,除标高及总平面以 m 为单位外,其他必须以 mm 为单位。图样中的尺寸,若以 mm 为单位,不需标注计量单位的代号和名称,若采用其他单位,则必须注明相应的计量单位的代号和名称。构机件的每一个尺寸,一般只标注一次,并应标注在反映该结构最清晰的图形上。

尺寸数字的方向,应按图 1-13(a)所示的规定注写。若尺寸数字在 30°斜线区内,宜按图 1-13(b)的形式注写。

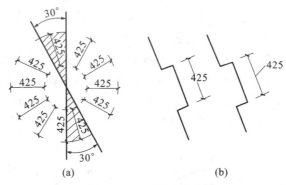

图 1-13　尺寸数字方向

(2)尺寸标注。

尺寸标注方式见图 1-14。

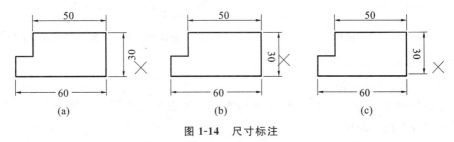

图 1-14　尺寸标注

(a)数字位置错误;(b)数字方向错误;(c)数字位置和方向均错误

①半径、直径标注(图 1-15、图 1-16)。

a.半径尺寸线应一端指向圆弧,另一端通向圆心或对准圆心。直径尺寸线则通过圆心或对准圆心。

图 1-15　半径的尺寸标注方法

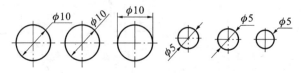

图 1-16　直径的尺寸标注方法

　　b. 标注半径、直径或球的尺寸时,尺寸线应画上箭头。

　　c. 半径数字、直径数字仍要沿着半径尺寸线或直径尺寸线来注写。当图形较小,注写尺寸数字及符号的位置不够时,也可以引出注写。

　　d. 半径数字前应加写拉丁字母 R,直径数字前应加注直径符号 ϕ。注写球的半径时,在半径代号 R 前再加写拉丁字母 S;注写球直径时,在直径符号 ϕ 前也加写拉丁字母 S。

　　e. 当标注更大圆弧的半径时,则应对准圆心画一折线状的或者断开的半径尺寸线。

　　②角度、弧长、弦长尺寸标注(图 1-17～图 1-19)。

　　a. 标注角度时,角度的两边作为尺寸界线,尺寸线画成圆弧,其圆心就是该角度的顶点。尺寸数字一律水平书写在尺寸线的中断处,必要时可写在上方或外面,也可引出标注。

　　b. 标注圆弧的弧长时,其尺寸线应是该弧的同心圆弧,尺寸界线则垂直于该圆弧的弦。

　　c. 标注圆弧的弦长时,其尺寸线应是平行于该弦的直线,尺寸界线则垂直于该弦。

　　d. 标注角度或弧长的圆弧尺寸线时,在它的起止点处应画上尺寸箭头。

　　e. 角度数字一律水平注写,并在数字的右上角相应地画上角度单位度、分、秒的符号(°、′、″)。弧长数字的上方,应加画弧长符号。

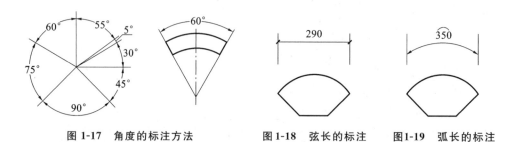

图 1-17　角度的标注方法　　　图 1-18　弦长的标注　　图1-19　弧长的标注

　　③坡度标注(图 1-20)。

　　④小尺寸标注(图 1-21)。

　　无足够位置注写小尺寸时,箭头可外移或用小圆点来代替两个箭头,尺寸数字也可写在尺寸界线外或引出标注。

　　⑤尺寸简化标注(图 1-22、图 1-23)。

　　(3)尺寸的排列与布置。

　　尺寸宜排在图样轮廓线之外,不宜与图线、文字及符号相交,如图 1-24 所示。必要时,也可标注在图样轮廓线之内。

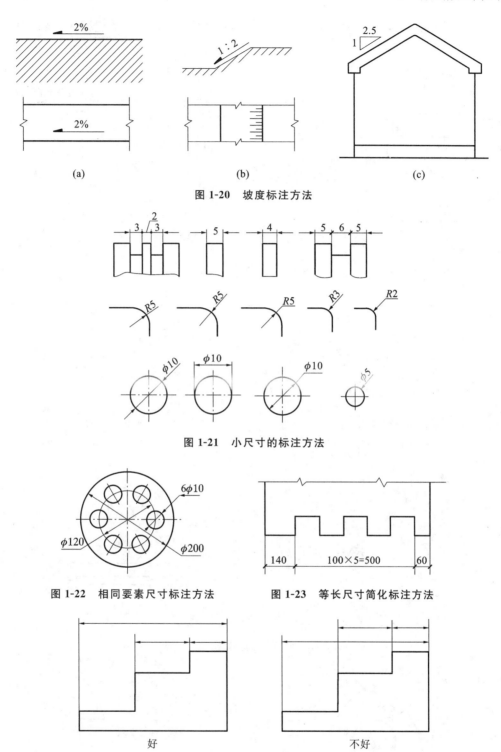

图 1-20 坡度标注方法

图 1-21 小尺寸的标注方法

图 1-22 相同要素尺寸标注方法　　　图 1-23 等长尺寸简化标注方法

好　　　　　　　　　　　不好

图 1-24 尺寸标注

　　互相平行的尺寸线,应从被注的图样轮廓线由里向外整齐排列,小尺寸在里面,大尺寸在外面。小尺寸与图样轮廓线距离不小于 10mm,平行排列的尺寸线的间距宜为7～10mm。

　　总尺寸的尺寸界线,应靠近所指部位,中间的分尺寸的尺寸界线可稍短,但其长度应相等。

　　(4)尺寸标注示例。

　　尺寸标注示例见图1-25。

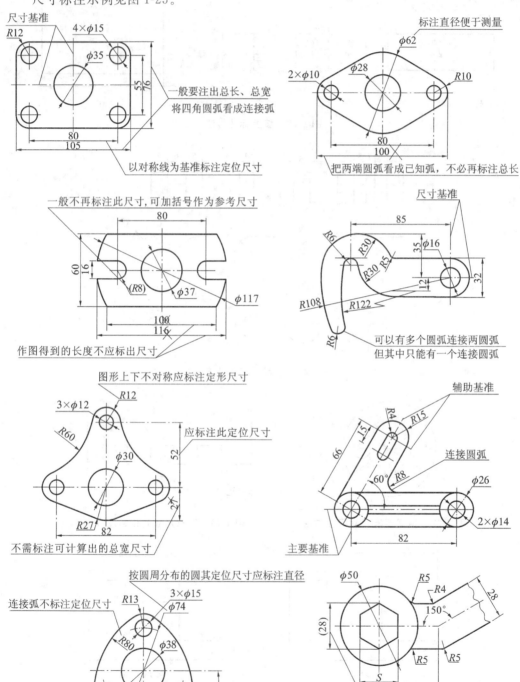

图 1-25　尺寸标注示例

6.常用材料图例

常用材料图例见表1-10。

表1-10   常用材料图例

序号	名称	图例	备注
1	自然土壤		包括各种自然土壤
2	夯实土壤		
3	砂、灰土		靠近轮廓线绘较密的点
4	砂砾石、碎砖三合土		
5	石材		
6	毛石		
7	普通砖		包括实心砖、多孔砖、砌块等砌体。断面较窄不易绘出图例线时,可涂红
8	耐火砖		包括耐酸砖等砌体
9	空心砖		指非承重砖砌体
10	饰面砖		包括铺地砖、马赛克、陶瓷锦砖、人造大理石等
11	焦渣、矿渣		包括与水泥、石灰等混合而成的材料
12	混凝土		(1)本图例指能承重的混凝土及钢筋混凝土; (2)包括各种强度等级、骨料、添加剂的混凝土; (3)在剖面图上画出钢筋时,不画图例线; (4)断面图形小,不易画出图例线时,可涂黑
13	钢筋混凝土		

续表

序号	名称	图例	备注
14	多孔材料	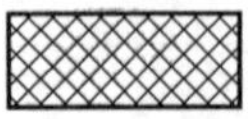	包括水泥珍珠岩、沥青珍珠岩、泡沫混凝土、非承重加气混凝土、软木、蛭石制品等
15	纤维材料	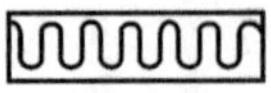	包括矿棉、岩棉、玻璃棉、麻丝、木丝板、纤维板等
16	泡沫塑料材料	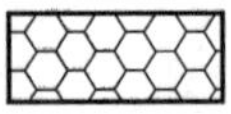	包括聚苯乙烯、聚乙烯、聚氨酯等多孔聚合物类材料
17	木材	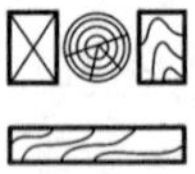	(1)上图为横断面,上左图为垫木、木砖或木龙骨; (2)下图为纵断面
18	胶合板	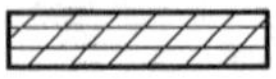	应注明为×层胶合板
19	石膏板	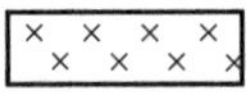	包括圆孔、方孔石膏板、防水石膏板等
20	金属		(1)包括各种金属; (2)图形小时,可涂黑
21	网状材料		(1)包括金属、塑料网状材料; (2)应注明具体材料名称
22	液体	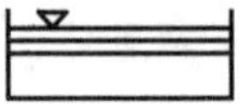	应注明具体液体名称
23	玻璃		包括平板玻璃、磨砂玻璃、夹丝玻璃、钢化玻璃、中空玻璃、加层玻璃、镀膜玻璃等
24	橡胶		
25	塑料		包括各种软、硬塑料及有机玻璃等
26	防水材料		构造层次多或比例大时,采用上面图例
27	粉刷		本图例采用较稀的点

1.2 绘图工具和仪器的使用

1.2.1 图板、丁字尺、三角板

1.图板

图板是供画图时使用的垫板,用于固定图纸。要求板面平整,左边为导边,板边平直,见图 1-26。规格有 0 号(900mm×1200mm)、1 号(600mm×900mm)、2 号(420mm×600mm)、3 号(300mm×420mm)。

三角板与丁字尺的使用视频

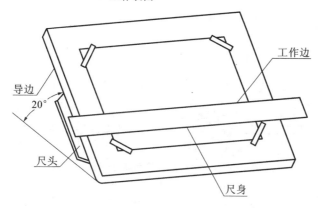

图 1-26　图板与丁字尺

2.丁字尺

丁字尺由尺头与尺身组成,平直光滑,尺头只可以紧靠图板左边缘,见图 1-27。其主要用于画水平线。工作时边画水平线、边与三角板配合画垂直线及 15°倍数的斜线。

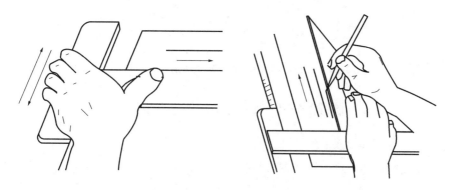

图 1-27　丁字尺的使用

3.三角板

每副有两块三角板，分为 $30°+60°+90°$ 和 $45°+45°+90°$ 两种。与丁字尺配合使用，由下向上画不同位置的垂直线，也可画出与水平线成 $15°$ 倍数的斜线，见图 1-28、图 1-29。

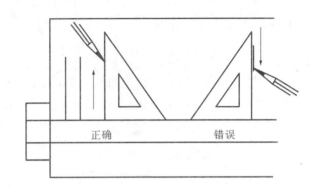

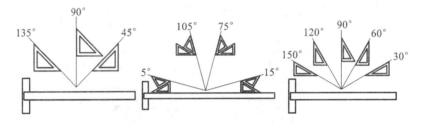

图 1-28 丁字尺配合三角板正确画线示意

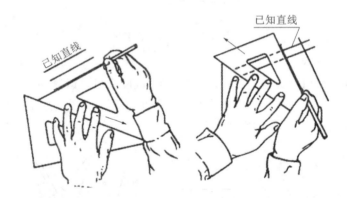

图 1-29 三角板的使用(画已知直线的平行线和垂直线)

1.2.2 圆规、分规和比例尺

1.圆规

圆规用于画圆或圆弧，见图 1-30。

2.分规

分规用来量取尺寸和等分线段，见图 1-31。

圆规、分规的
使用视频

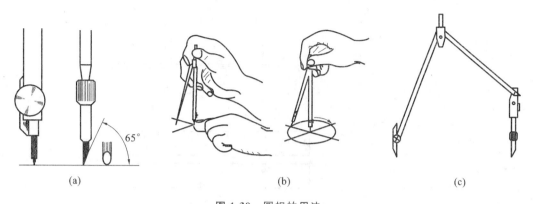

图 1-30 圆规的用法

（a）钢针台肩与铅芯或墨线笔头端部平齐；（b）在一般情况下画圆的方法；
（c）画较大的圆或圆弧的方法

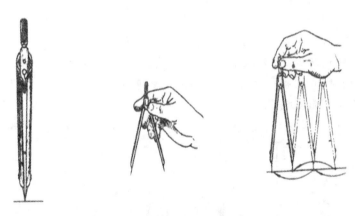

图 1-31 分规

3. 比例尺

比例尺可直接按尺面上的数值截取或读出刻线的长度，见图 1-32、图 1-33。

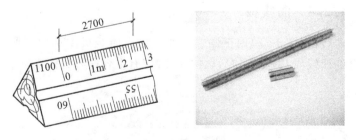

图 1-32 比例尺

1.2.3 铅笔

（1）画粗实线用 2B 型或 B 型铅笔；画粗实线圆选用 2B 型铅笔。

铅笔的
选用视频

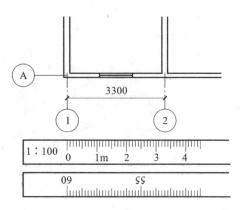

图 1-33　比例尺的应用

（2）写字、画箭头、画细实线和各类细点画线用 HB 型铅笔。

（3）打底稿时用 H 型铅笔。

绘图时一般先用 H 型铅笔打底稿，检查无误，并擦除了多余的线后，粗线用 2B 型铅笔加深，其他用 HB 型铅笔修饰。

削铅笔时，应从没有标号的一端削起，以保留铅芯硬度的标号。铅笔常用的削制形状有圆锥形和矩形，圆锥形用于画细线和写字，矩形用于画粗实线，见图 1-34。

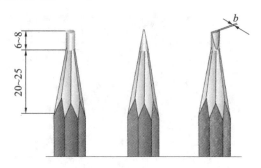

图 1-34　铅笔铅芯的削制形状

1.2.4　曲线板

曲线板（图 1-35）用于画非圆曲线。在曲线板上选取与所画线相吻合的曲线段时，注意前后段的连接（应有重合段），见图 1-36。

图 1-35　曲线板

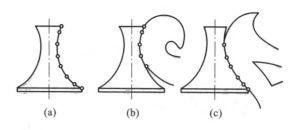

图 1-36　用曲线板画曲线

1.2.5　墨线笔和绘图墨水笔

墨线笔(图 1-37)又称直线笔,用于上墨水、画墨线。使用时用蘸水笔把墨水加入两笔叶间,外部保持干净。

绘图墨水笔(图 1-38)现已取代墨线笔,它的针尖是一支细针管,能吸存碳素墨水来画线,每支针管笔只可画一种线宽。

图 1-37　墨线笔

图 1-38　绘图墨线笔

1.3　几何作图

1.3.1　等分线段

等分线段作法如下。

(1)过线段一端点作任意射线,在射线上截取几等分。

(2)将射线上的等分终点与已知线段的另一端点连线,并过射线上各等分点作此连线的平行线,与已知线段相交,交点即把线段几等分。

九等分已知线段见图 1-39。

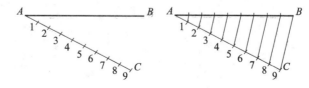

图 1-39　九等分已知线段

1.3.2 等分圆周

将一圆分成所需要的份数即是等分圆周的问题。作正多边形的一般方法是先作出正多边形的外接圆,然后将其等分,因此等分圆周的作图包含作正多边形的问题。作图时可以用三角板、丁字尺配合等分,也可用圆规等分,在实际作图时采用方便快捷的方法。

较常用的等分有三等分、五等分、六等分、十二等分。下面分别对三等分、五等分、六等分、十二等分及任意等分圆周做介绍。

（1）三等分。

用圆规作三等分圆周的方法,见图1-40。

图 1-40　三等分圆周

（2）五等分。

用圆规作五等分圆周的方法,见图1-41。

作图步骤:

①以点 a 为圆心, ao 为半径画圆弧交圆于点 e、f。

②连接 ef 与 ao,两线相交于点 p。

③以点 p 为圆心过点 b 作圆弧,交水平直径于点 s。

④以点 b 为圆心过点 s 作圆弧,交外接圆于点 h、k。

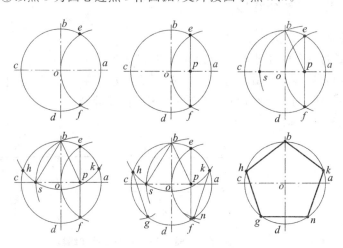

图 1-41　五等分圆周

⑤分别以点 h、k 为圆心,弦长 hb 为半径作圆弧,与外接圆交于点 g、n。

⑥依次连接点 k、b、h、g、n 五点即作出正五边形。

(3)六等分。

①用丁字尺、三角板作六等分圆周的方法,见图 1-42。

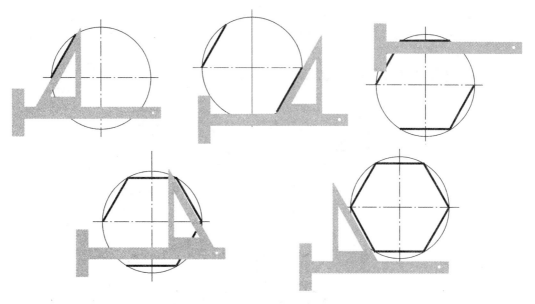

图 1-42 用丁字尺、三角板六等分圆周

②用圆规作六等分圆周的方法,见图 1-43。

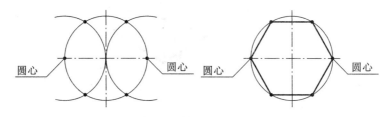

图 1-43 用圆规六等分圆周

(4)十二等分。

圆的十二等分作法是较为简便且等分数比较多的一种等分方法,当需要在圆上找多一些等分点的时候,就会用到此方法。

用圆规作十二等分圆周的方法,见图 1-44。

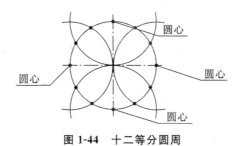

图 1-44 十二等分圆周

（5）任意等分圆周。

下面以七等分圆周（图 1-45）为例对任意等分圆周的作法做介绍。

①七等分外接圆垂直直径，得 0、1、2、3、4、5、6、7 各点。

②以外接圆垂直直径下端点 D 为圆心，外接圆直径为半径画圆弧交外接圆水平中心线于 P、Q 点。

③由 P、Q 作直线分别连接等分的奇数点（或偶数点）并延长与外接圆交于 A、B、C、D、E、F、G 点。

④依次连接 A、B、C、D、E、F、G 点即可。

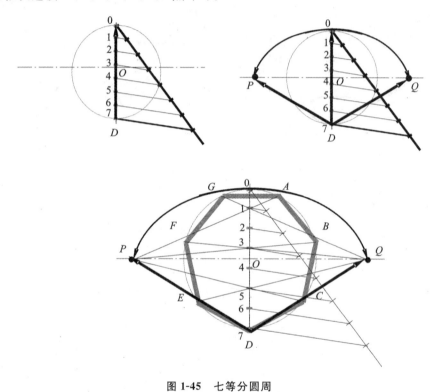

图 1-45　七等分圆周

1.3.3　椭圆的画法

（1）同心圆法。

用同心圆法画椭圆的基本方法是在确定了椭圆长短轴后，通过作图求得椭圆上的一系列点，再将其用光滑的线连接，见图 1-46。

（2）四心法。

四心法是一种近似的作图方法，即采用四段圆弧来代替椭圆曲线，由于作图时应先求出这四段圆弧的圆心，故将此方法称为四心法，见图 1-47。

①长轴 AB 与短轴 CD 交于 O 点，连接 AC。

②以 O 为圆心，OA 为半径作圆弧，交短轴于点 E。

③以点 C 为圆心，CE 为半径作圆弧，交 AC 于点 F。

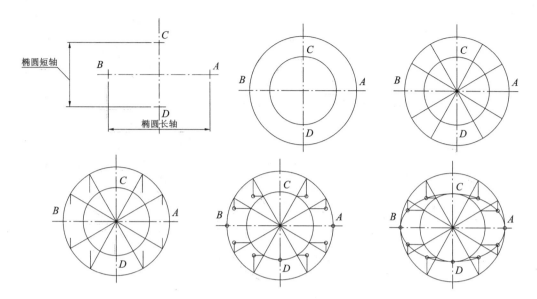

图 1-46 用同心圆画圆法画椭圆

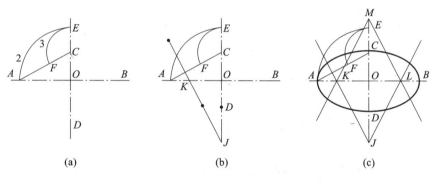

图 1-47 四心法画近似椭圆

④作 AF 的垂直平分线,延长交 OA 于点 K,交 CD 于点 J。

⑤以 O 为圆心,OJ 为半径,画圆弧,交 OC 延长线于点 M。

⑥连接 MK,并延长。

⑦以 O 为圆心,OK 为半径画圆弧,交 OB 于点 L。

⑧连接 JL、ML 并延长。

⑨分别以 K、L 为圆心,以 AK、BL 为半径画圆弧,与 KJ、MK、JL、ML 相交。

⑩分别以 J、M 为圆心,以 JC、MD 为半径画圆弧,与 KJ、MK、JL、ML 相交,即得到椭圆。

1.3.4 圆弧连接

(1)用圆弧连接两直线,见图 1-48。

(2)用圆弧连接两相交为直角的直线,见图 1-49。

圆弧连接

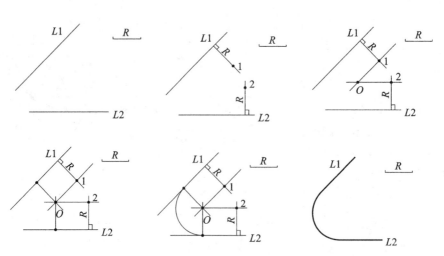

图 1-48　圆弧连接两直线

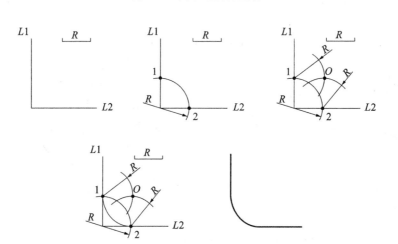

图 1-49　圆弧连接两相交为直角的直线

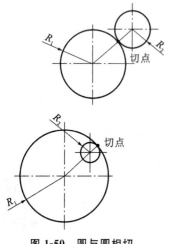

图 1-50　圆与圆相切

（3）用圆弧连接两圆弧。

用圆弧连接两圆弧作图依据的是几何中两圆相切的基本关系。

圆与圆相切分为内切和外切，见图 1-50。

两圆内切：两圆中心距等于两圆的半径之差；中心距 $A = R_1 - R_2$；两圆心连线的延长线和圆的交点即是切点。

两圆外切：两圆中心距等于两圆的半径之和；中心距 $A = R_1 + R_2$；两圆心连线和圆的交点即是切点。

圆弧连接两圆外切见图 1-51。圆弧连接两圆内切见图 1-52。圆弧连接两圆内、外切见图 1-53。

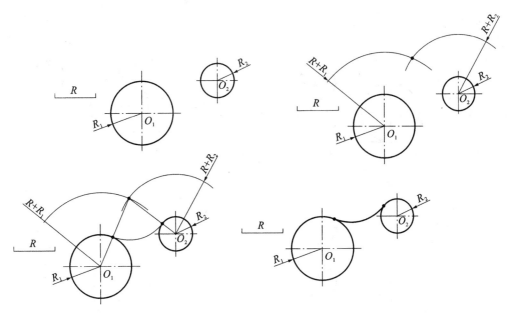

图 1-51 圆弧连接两圆外切

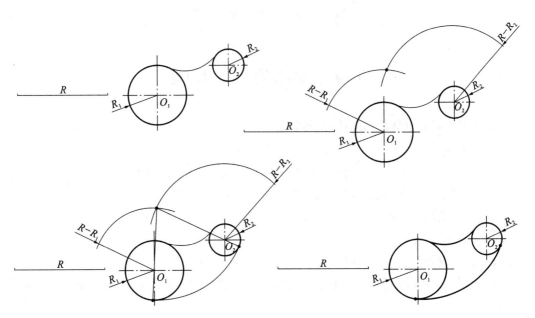

图 1-52 圆弧连接两圆内切

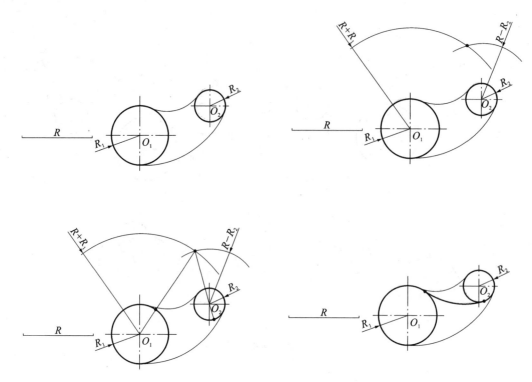

图 1-53 圆弧连接两圆内、外切

1.4 绘图的一般步骤

用绘图工具和仪器绘制图样,具体如下。

1. 准备工作

(1)擦净绘图仪器及工具,削磨好铅笔及笔芯,清理桌面、洗净双手。

(2)根据图形大小、复杂程度,选取合适的比例和图纸幅面。

(3)鉴别图纸正反面(光面为正),固定在图板左下方适当位置。

2. 画底稿

(1)画图幅边框、图框及标题栏。

(2)按 3:4:3 布局法确定图形在图框中的位置,画各图形的基准线、对称线、轴线等,见图 1-54。

(3)按三等规律画图形的主要轮廓线。

(4)画各细小结构,完成全部图形底稿。

(5)画尺寸界线、尺寸线。

3. 加深

(1)检查并校核错漏后,擦去多余的作图线。

（2）按先粗后细、先曲后直的原则，先加深所有的圆和圆弧，再用丁字尺和三角板按水平线、垂直线、斜线的顺序由上而下、由左向右依次加深各粗实线，最后加深中心轴线、剖面线。

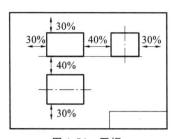

图 1-54　画幅

（3）画尺寸线的箭头，注写尺寸数字，填写标题栏及其他文字。

（4）校核全图，取下图纸，沿图幅边框裁边。

1.5　平面图形的尺寸分析及画法

1.5.1　平面图形的尺寸分析

平面图形中的尺寸按其作用不同，分为定形尺寸和定位尺寸两大类，见图 1-55。

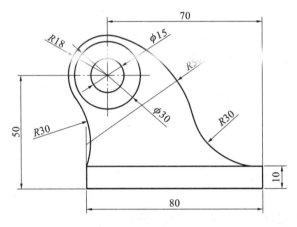

图 1-55　定形尺寸和定位尺寸

1.定形尺寸

定形尺寸指确定平面图形上几何要素大小的尺寸。如线段的长度（80）、半径（$R18$）或直径（$\phi15$）等。

2.定位尺寸

定位尺寸指确定几何要素相对位置的尺寸。如图 1-55 中所示的 70、50。

3.尺寸基准

（1）定位尺寸的起点称为尺寸基准。

（2）对平面图形而言，有长和宽两个不同方向的基准。

（3）通常以图形中的对称线、中心线以及底线、边线作为尺寸基准。

1.5.2 平面图形的线段(圆弧)分析

一般情况下,要在平面图形中绘制一段圆弧,除了要知道圆弧的半径外,还需要有确定圆心位置的尺寸。从图 1-55 中可以看到,有的圆、圆弧有两个确定圆心位置的尺寸,如 $R18$;而有的一个也没有,如 $R30$。按平面图形中圆弧的圆心定位尺寸的数量不同,将圆弧分为已知圆弧、中间圆弧和连接圆弧。

1.已知圆弧

已知圆弧的圆心具有长和宽两个方向的定位尺寸,或者根据图形的布置可以直接绘出圆弧,如图 1-55 中的 $R18$。

2.中间圆弧

中间圆弧的圆心只有一个方向的定位尺寸,作图时要依据该圆弧与已知圆弧相切的关系确定圆心的位置,如图 1-55 中的 $R50$。

3.连接圆弧

连接圆弧没有确定圆心位置的定位尺寸,作图时通过相切的几何关系确定圆心的位置,如图 1-55 中的 $R30$。

1.5.3 平面图形的绘图步骤

根据上面的分析,平面图形的绘图步骤可归纳如下:

(1)画基准线,定位线。

(2)画已知圆弧。

(3)画中间圆弧。

(4)画连接圆弧。

(5)经检查、整理后加深图线。

分析手轮图形中的尺寸和圆弧,确定绘制该平面图形的步骤并作出此图形,见图 1-56。

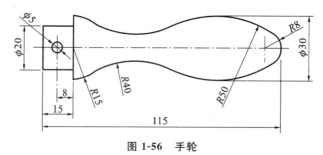

图 1-56 手轮

1.尺寸分析

图 1-56 中 $R40$、$R8$、$R50$、$R15$ 以及 $\phi20$、$\phi5$ 均为定形尺寸;8、115、15 和 $\phi30$ 则为定位尺寸。

2.圆弧分析

图 1-56 中 $R15$、$R8$ 和 $\phi5$ 为已知圆弧,$R50$ 为中间圆弧,$R40$ 则为连接圆弧。

2 投影的基本知识

2.1　投影的基本概念和分类

2.1.1　投影的概念

　　一形体在光线的照射下在平面上产生影子，这个影子只能反映出形体的轮廓，而不能表达形体的真实形状，如图 2-1(a)所示。假设光线能够透过物体而将物体的各个顶点和棱线在平面 V 上投落它们的影，这些点和线的影将组成一个能够反映出物体形状的图形，这个图形称为物体的投影，如图 2-1(b)所示。

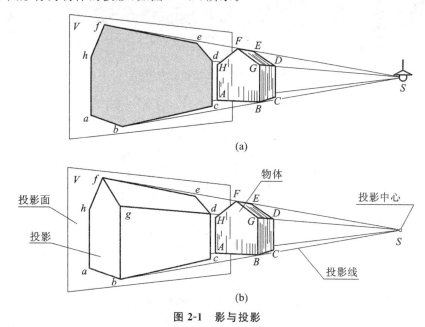

(a)

(b)

图 2-1　影与投影

31

光源 S 称为投影中心;投影所在的平面 V 称为投影面;光线称为投影线;通过一点的投影线与投影面 V 相交,所得交点就是该点在平面 V 上的投影;这种只研究其形状和大小,而不涉及其理化性质的物体,称为形体;作出形体投影的方法,称为投影法。

2.1.2 投影的分类

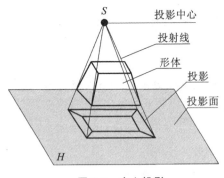

图 2-2 中心投影

1.中心投影

投影中心 S 在有限距离内发出辐射状的投射线,用这些投射线作出的形体的投影,称为中心投影。这种作出中心投影的方法,称为中心投影法,如图 2-2~图 2-4 所示。

2.平行投影

投影中心 S 在无限远处,投射线按一定的方向投射下来,用这些互相平行的投射线作出形体的投影,称为平行投影。这种作出平行投影的方法,称为平行投影法,如图 2-5、图 2-6 所示。

图 2-3 用中心投影法绘制的图样

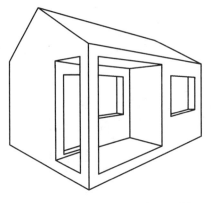

图 2-4 中心投影——透视图示例

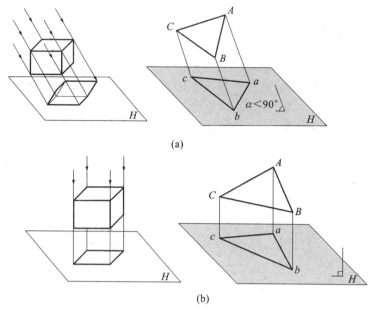

(a)

(b)

图 2-5　平行投影

（a）斜投影；（b）正投影

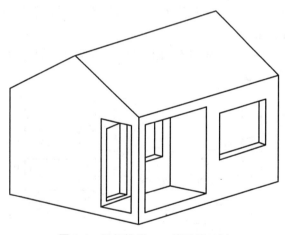

图 2-6　平行投影——透视图示例

根据投影线与投影面是否垂直,平行投影又分为斜投影和正投影两种。

（1）斜投影。

投影线倾斜于投影面时所作出的平行投影,称为斜投影,如图 2-5(a)所示。作出形体斜投影的方法,称为斜投影法。

（2）正投影（直角投影）。

投影线垂直于投影面时所作出的平行投影,称为正投影,如图 2-5(b)所示。作出形体正投影的方法,称为正投影法。

用正投影法绘制的投影图,称为正投影图。正投影能真实表达空间形体的形状和大小,且作图方便,因此在工程图样的绘制中得到广泛的应用。

2.1.3 平行投影的基本性质

1. 全等性(可度量性、真实性)

(1)平行于投影面的直线,在该投影面上的投影仍为直线,且反映实长,如图 2-7(a)所示。

(2)平行于投影面的平面,在该投影面上的投影反映平面实形,如图 2-7(b)所示。

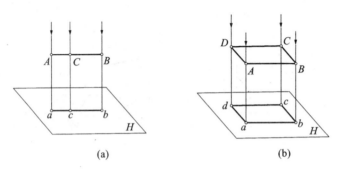

图 2-7 投影的全等性

2. 类似性

(1)倾斜于投影面的直线,在该投影面上的投影仍是直线,但长度较空间直线的实长要短一些,不反映实长,如图 2-8(a)所示。

(2)倾斜于投影面的平面,在该投影面上的投影为缩小了的类似形线框,且不反映实形,如图 2-8(b)所示。

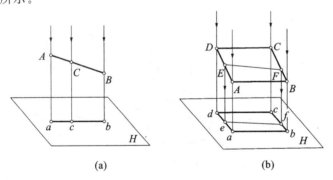

图 2-8 投影的类似性

3. 积聚性

(1)垂直于投影面的直线,在该投影面上的投影积聚为一点,这种性质称为积聚性,如图 2-9(a)所示。

(2)垂直于投影面的平面,在该投影面上的投影积聚为一直线,且该平面(包括延展面)上所有的线和点的投影都积聚在该直线上,如图 2-9(b)所示。

4. 平行性

(1)相互平行的两直线在同一投影面上的平行投影保持平行,这种特性称为平行性,如图 2-10(a)所示。

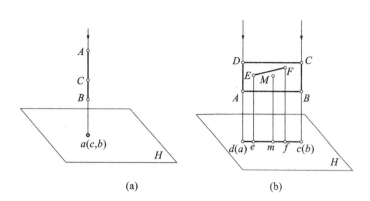

(a)　　　　　　　　(b)

图 2-9　投影的积聚性

　　(2)一直线或一平面图形,经过平行的移动之后,它们在同一投影面上的投影,虽然位置变动了,但其形状和大小没有变化,如图 2-10(b)所示。

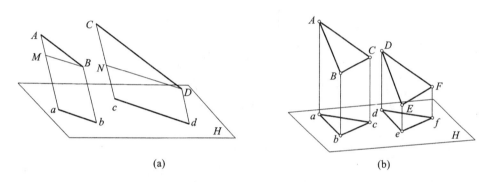

(a)　　　　　　　　(b)

图 2-10　投影的平行性

5.定比性

(1)直线上两线段长度之比等于两线段投影的长度之比,如图 2-11(a)所示。

(2)相互平行的两直线在同一投影面上的平行投影保持平行,这种特性称为平行性。两平行线段的长度之比,等于它们的平行投影的长度之比,如图 2-11(b)所示。

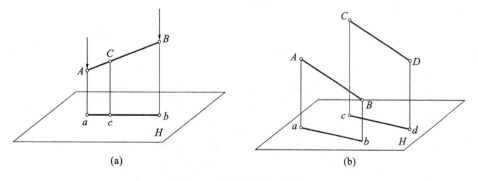

(a)　　　　　　　　(b)

图 2-11　投影的定比性

2.2　三面投影图

2.2.1　三视图的形成

用正投影法画出的物体图形称为视图。

如图 2-12 所示,设一直立投影面,把物体放在观察者和投影面之间,将观察者的视线视为一组互相平行,且与投影面垂直的投射线,对物体进行投射所得的正投影图,即物体在该投影面上的视图。

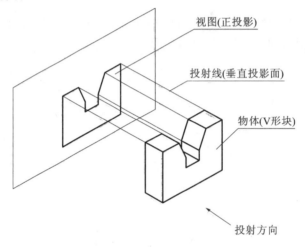

图 2-12　视图

如图 2-13 所示,三个不同形状的形体在同一投影面上的投影是相同的,这说明在正投影法中只有一个投影,一般不能反映形体的真实形状和大小,因此工程图中经常采用多面正投影来表达形体,基本的表达方法是三视图。

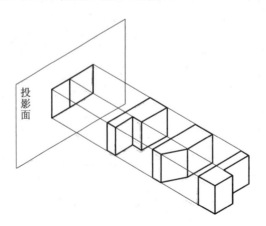

图 2-13　单一投影不能确定形体的形状和大小

2.2.2　三面投影体系的建立

通过上述分析可知,对于空间物体,需要三面投影才能准确而全面地表达出它的形状和大小。H 面、V 面、W 面组成三面投影体系,在三个互相垂直的投影面中,水平放置的投影面 H,称为水平投影面;正对观察者的投影面 V,称为正立投影面;右面侧立的投影面 W,称为侧立投影面。这三个投影面分别两两相交,交线称为投影轴,其中 H 面与 V 面的交线称为 OX 轴;H 面与 W 面的交线称为 OY 轴;V 面与 W 面的交线称为 OZ 轴。不难看出,OX 轴、OY 轴、OZ 轴是三条相互垂直的投影轴。三个投影面或三个投影轴的交点 O,称为原点。三面投影体系如图 2-14 所示。

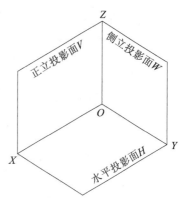

图 2-14　三面投影体系

2.2.3　三面投影图的展开

将形体放置于三面投影体系中,按正投影原理向各投影面投影,即可得到形体的水平投影(或 H 投影)、正面投影(或 V 投影)、侧面投影(或 W 投影),如图 2-15(a)所示。

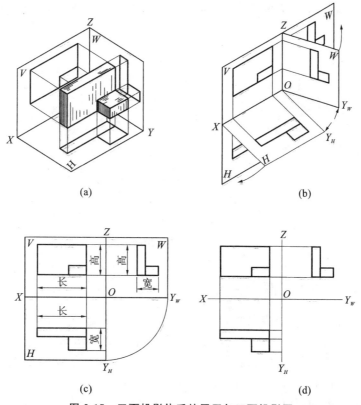

(a)

(b)

(c)

(d)

图 2-15　三面投影体系的展开与三面投影图

为了方便作图和阅读图样,实际作图时需将形体的三个投影表现在同一平面上,这就是需要将三个互相垂直的投影面展开在一平面上。

三个投影面展开后,三条投影轴成为两条垂直相交的直线,原 OX 轴、OZ 轴位置不变,原 OY 轴则被一分为二,一条随 H 面转到与 OZ 轴在同一铅垂线上,标注为 OY_H;另一条随 W 面转到与 OX 轴在同一水平线上,标注为 OY_W,以示区别,如图 2-15(c)所示。

由 H 面、V 面、W 面投影组成的投影图,称为形体的三面投影图,如图 2-15(d)所示。

2.2.4 三面投影规律

1. 三面投影的位置关系

以正面投影为基准,水平投影位于其正下方,侧面投影位于其正右方,如图 2-15(c)所示。

2. 三面投影的"三等"关系

OX 轴向尺寸称为"长",OY 轴向尺寸称为"宽",OZ 轴向尺寸称为"高"。

"三等"关系:水平投影与正面投影等长且要对正,即"长对正";正面投影与侧面投影等高且要平齐,即"高平齐";水平投影与侧面投影等宽,即"宽相等"。

3. 三面投影与形体的方位关系

由图 2-16 中可以看出,水平投影反映形体的前、后和左、右的方位关系;正面投影反映形体的左、右和上、下的方位关系;侧面投影反映形体的前、后和上、下的方位关系。

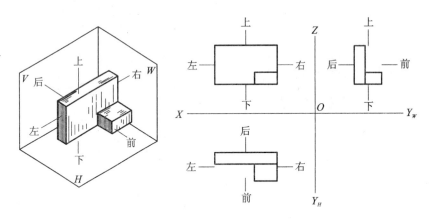

图 2-16　形体方位在投影图上的反映

2.2.5 三面正投影图的画法

三面正投影图的画法与步骤如下。

(1)画出水平和垂直十字相交线,表示投影轴,如图 2-17(b)所示。

(2)根据三等关系,正面图和侧面图的各个相应部分用水平线拉齐(等高),正面图和平面图的各个相应部分用铅垂线对正(等长),如图 2-17(c)所示。

(3)利用平面图和侧面图的等宽关系,从 O 点作一条向下倾斜的 45°线,然后在侧面图上向下引铅垂线,与45°线相交后再向右引水平线,把侧面图中的宽度反映到平面图中去,如图 2-17(d)所示。也可在侧面图上向下引铅垂线与 Y_W 轴相交,以 O 点为圆心,分别以 O 点到 Y_W 轴的交点为半径画圆,与 Y_H 轴相交,相交后再向右引水平线,把侧面图中的宽度反映到平面图中去,如图 2-17(e)所示。

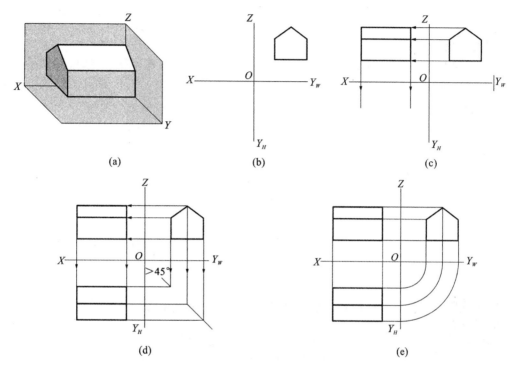

图 2-17 三面正投影图的画法

(a)两坡屋面房屋的立体图;(b)投影轴的绘制;(c)V 面、W 面投影绘制;(d)45°法;(e)圆弧法

3 点、直线、平面的投影

3.1 点 的 投 影

点在两投影面
体系中的投影

3.1.1 点在两投影面体系中的投影

若空间 A、B 两点位于同一条投射线上,则不能根据其单面投影来确定它们的空间位置(图 3-1)。要解决这个问题必须采用多面投影。

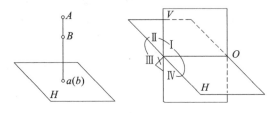

图 3-1　点的投影

现取 V 面和 H 面构成两投影面体系[图 3-2(a)]。V 面和 H 面将空间分成四个分角:第一分角、第二分角、第三分角、第四分角。本书将重点研究第一分角中几何元素的投影。如图 3-2(a)所示,空间点 A 点位于 V/H 二面投影体系中。过 A 点分别向 V 面和 H 面作垂线,得垂足 a' 和 a,a' 和 a 分别称为点 A 的正面投影和水平投影[图 3-2(a)]。空间点用大写的英文字母,投影用相应的小写字母表示,并用加注上角标的方法区分不同投影面上的投影。保持 V 面不动,将 H 面绕 OX 轴向下旋转至与 V 面重合,这样就得到点 A 的投影图[图 3-2(b)]。在实际画图时,不画出投影面的边框。

如图 3-2(a)所示,$Aa \perp H$ 面,$Aa' \perp V$ 面,故 Aaa' 所确定的平面既垂直于 V 面又垂直于 H 面,因而垂直于它们的交线 OX,垂足为 a_x。$a_x = OX \cap Aa'a$。因为 $OX \perp Aaa'$,所以 $OX \perp Aa'a$ 平面内的任意直线,自然也垂直于 aa_x 和 $a'a_x$。在 H 面旋转至与 V 重合的过程中,此垂直关系不变。Aa_xa' 是个矩形,所以 $aa_x = Aa'$,$a'a_x = Aa$。由此可概括点的投影特性如下。

(1)点的两投影连线垂直于投影轴,即 $a'a \perp OX$。

(2)点的投影到投影轴的距离等于该点到相邻投影面的距离,即 $aa_x = Aa'$,$a'a_x = Aa$。

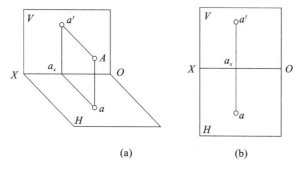

(a)　　　　　　(b)

图 3-2　点在两投影面体系的投影

3.1.2　点在三投影面体系中的投影

点的三面投影及
展开视频

在建立的三投影面体系中,空间点 A 点位于 V 面、H 面和 W 面构成的三投影面体系中。由点 A 分别向 V、H、W 面作正投影,依次得点 A 的正面投影 a'、水平投影 a、侧面投影 a''[图 3-3(a)]。

为使三个投影面展到同一平面上,现保持 V 面不动,使 H 面绕 OX 轴向下旋转到与 V 面重合,使 W 面绕 OZ 轴向右旋转到与 V 面重合,这样得到点的三面投影图[图 3-3(b)]。在这里值得注意的是,在三投影面体系展开的过程中,Y 轴被一分为二。Y 轴一方面随 H 面旋转到 Y_H 的位置,另一方面随 W 面旋转到 Y_W 的位置[图 3-3(b)]。点 a_y 因此而分为

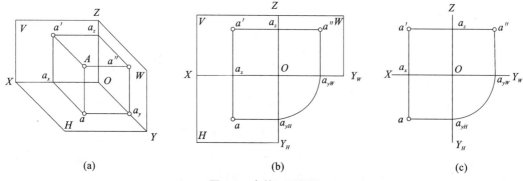

(a)　　　　　　　(b)　　　　　　　(c)

图 3-3　点的三面投影

a_{yH} 和 a_{yW}。正面投影和水平投影、正面投影与侧面投影之间的关系符合两面投影体系的投影规律：$a'a\perp OX$，$a'a''\perp OZ$；点的水平投影与侧面投影均反映到 V 面的距离。由此概括出点在三投影面体系的投影规律：

（1）点的水平投影与正面投影的连线垂直于 OX 轴，即 $a'a\perp OX$；

（2）点的正面投影和侧面投影的连线垂直于 OZ 轴，即 $a'a''\perp OZ$；

（3）点的水平投影到 OX 轴的距离等于点的侧面投影到 OZ 轴的距离，即 $aa_x=a''a_z$。

特殊点的投影

3.1.3　点的投影与坐标

三投影面体系是直角坐标系，则其投影面、投影轴、原点分别可看作坐标面、坐标轴及坐标原点。这样，空间点到投影面的距离可以用坐标表示，点 A 的坐标值唯一确定相应的投影。点 A 的坐标 (X,Y,Z) 与点 A 的投影 (a',a,a'') 之间有如下的关系（图 3-3）。

（1）点 A 到 W 面的距离等于点 A 的 X 坐标：$a_za'=a_{yH}a=a''A=X$；

（2）点 A 到 H 面的距离等于点 A 的 Z 坐标：$a_xa=a_za''=a'A=Y$；

（3）点 A 到 V 面的距离等于点 A 的 Y 坐标：$a_xa'=a_{yW}a''=aA=Z$。

因为每个投影面都可看作坐标面，而每个坐标面都是由两个坐标轴确定的，所以空间点在任一个投影面上的投影，只能反映其两个坐标，即：

V 面投影反映点的 X、Z 坐标；

H 面投影反映点的 X、Y 坐标；

W 面投影反映点的 Y、Z 坐标。

如图 3-4 所示，点 A 在 V 面，它的一个坐标为零，在 V 面上的投影与该点重合，在其他投影面上的投影分别落在相应的投影轴上。

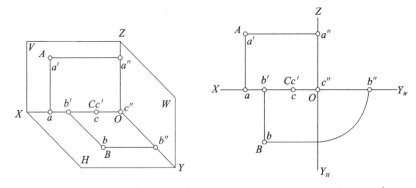

图 3-4　投影面和投影轴上的点

投影轴上的点有两个坐标为零，在包含这条投影轴的两个投影面上的投影均与该点重合，另一投影落在原点上。

3.1.4　两点的相对位置

1. 两点的相对位置

空间两点的左右、前后和上下位置关系可以用它们的坐标大小来判断。

规定 X 坐标大者为左,反之为右;Y 坐标大者为前,反之为后;Z 坐标大者为上,反之为下。

由此可知,图 3-5 中的点 A 与点 B 相比,点 A 在点 B 的左、前、下的位置,而点 B 则在点 A 的右、后、上的位置。

两点的相对位置

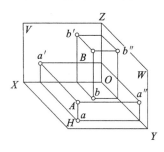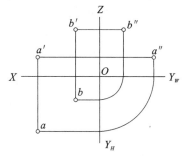

图 3-5　空间两点的位置关系

2. 重影点

如图 3-6 所示,A、B 两点位于垂直于 V 面的同一投射线上,这时 a'、b' 重合,A、B 称为对 V 面的重影点。同理可知对 H 面及 W 面的重影点。

对 V 面的一对重影点是正前、正后方的关系;对 H 面的一对重影点是正上、正下方的关系;对 W 面的一对重影点是正左、正右方的关系。

重影点的投影

其可见性的判断依据是其坐标值。X 坐标值大者遮住 X 坐标值小者;Y 坐标值大者遮住 Y 坐标值小者;Z 坐标值大者遮住 Z 坐标值小者。被遮的点一般要在同面投影符号上加圆括号,以区别其可见性,如(b')。

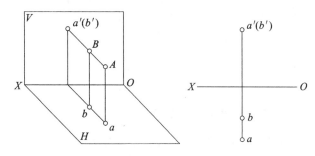

图 3-6　重影点

【例 3-1】　如图 3-7 所示,已知点 $A(15,16,12)$,求作其三面投影。

【解】　可按照点的投影与坐标的关系来作图,具体步骤如下。

(1)画坐标轴,并由原点 O 在 OX 轴的左方取 $x=15$ 得点 a_x[图 3-7(a)];

(2)过 a_x 作 OX 轴的垂线,自 a_x 起沿 Y_H 方向量取长度 16 得点 a,

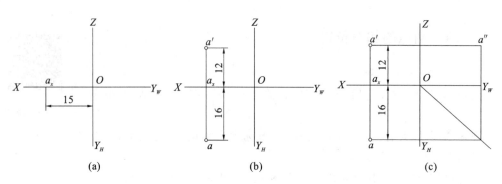

(a)　　　　　　　　(b)　　　　　　　　(c)

图 3-7　求作点的三面投影

沿 Z 方向量取长度 12 得 a'[图 3-7(b)]；

(3)按点的投影规律作出 a''[图 3-7(c)]；

(4)擦去多余线条。

点的立体图画法如图 3-8 所示。

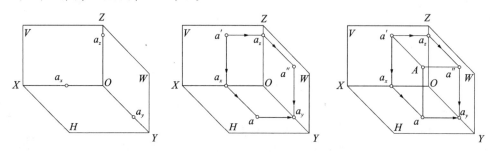

图 3-8　点的立体图画法

【**例 3-2**】　如图 3-9(a)所示，已知点 A 的 V 面投影 a'和 W 面投影 a''，求其水平投影 a。

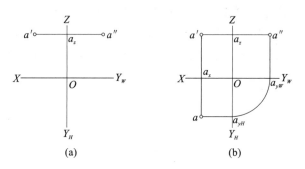

(a)　　　　　　　　(b)

图 3-9　求点的第三投影

【**解**】　可按照点的投影规律来作图[图 3-9(b)]，具体步骤如下。

(1)点 a'作垂直于 OX 轴的直线。

(2)由点 a''作 Y_W 的垂线，垂足为点 a_{yW}，再以原点 O 为圆心、Oa_{yW} 为半径，画圆弧交 Y_H 轴于 a_{yH}，然后由点 a_{yH} 作 X 轴的平行线。

(3)过 a'垂直于 X 轴的直线与过 a_{yH} 平行于 X 轴的直线的交点即为所求的水平投影 a。

(4)擦去多余线条。

3.2 直线的投影

3.2.1 直线的投影概述

　　直线的投影一般仍为直线,直线可由两点确定,故直线的投影可由直线上两点的同面投影确定,如图 3-10 所示,分别将 A、B 两点的同面投影连接,就得到直线的投影。

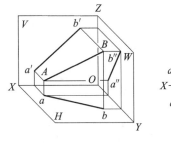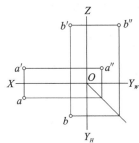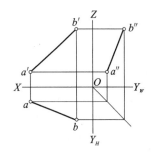

图 3-10　直线的投影

3.2.2 直线的投影特性

1. 直线对单投影面的投影特性

直线对单一投影面有三种位置关系,如图 3-11 所示。

(1)直线倾斜于投影面。

其投影长度小于直线实长,即 $ab = AB\cos\alpha$。但其投影仍为直线,投影具有类似性,如图 3-11(a)所示。

(2)直线平行于投影面。

其投影长度反映直线实长,即 $ab = AB$,投影具有实形性,如图 3-11(b)所示。

(3)直线垂直于投影面。

其投影重合为一个点,投影的这种特性称为积聚性,如图 3-11(c)所示。

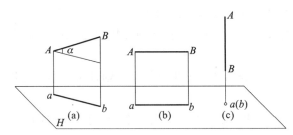

图 3-11　直线的单面投影

2.直线在三投影面体系中的投影特性

直线的投影特性是由其对投影面的相对位置而确定的。在三投影面体系中,直线相对投影面有三种不同位置,因而分为三类:投影面平行线、投影面垂直线和一般位置直线。直线对投影面所夹的角即直线对投影面的倾角 α、β、γ 分别表示直线对 H、V、W 面的倾角。

(1)投影面平行线。

投影面平行线是指平行于一个投影面而与其余两个投影面倾斜的直线。其可分为水平线、正平线、侧平线三种,它们分别平行于 H、V、W 面。三种投影面平行线的投影图及投影特性见表 3-1。

表 3-1　　　　　　　　　　　投影面平行线的投影特性

名称	正平线	水平线	侧平线
轴测图			
投影图			
投影特性	(1)$ab /\!/ OX, a''b'' /\!/ OZ$; (2)$a'b' = AB$; (3)$a'b'$ 反映 α、γ 倾角	(1)$c'd' /\!/ OX, c''d'' /\!/ OY_W$; (2)$cd = CD$; (3)$cd$ 反映 β、γ 倾角	(1)$e'f' /\!/ OZ, ef /\!/ OY_H$; (2)$e''f'' = EF$; (3)$e''f''$ 反映 α、β 倾角

从表 3-1 可归纳出投影面平行线的投影特性如下。

①在所平行的投影面上的投影反映实长,该投影与相应投影轴的夹角反映直线对另两个投影面的真实倾角。

②在其余两个投影面上的投影分别平行于相应的投影轴且长度小于实长。

(2)投影面垂直线。

投影面垂直线是仅垂直于某一投影面,而与其余两个投影面平行的直线。其可分为铅垂线、正垂线、侧垂线三种。它们分别垂直于 H、V、W 面。三种投影面垂直线的投影图及投影特性见表 3-2。

表 3-2 投影面垂直线的投影特性

名称	正垂线	铅垂线	侧垂线
轴测图			
投影图			
投影特性	(1) $a'b'$ 积聚成一点； (2) $ab \perp OX$，$a''b'' \perp OZ$； (3) $ab = a''b'' = AB$	(1) cd 积聚成一点； (2) $c'd' \perp OX$，$c''d'' \perp OY_W$； (3) $c'd' = c''d'' = CD$	(1) $e''f''$ 积聚成一点； (2) $ef \perp OY_H$，$e'f' \perp OZ$； (3) $ef = e'f' = EF$

从表 3-2 可归纳出投影面垂直线的投影特性如下。

①在所垂直的投影面上的投影积聚为一点。

②在其余两个投影面上的投影平行于相应的投影轴且反映实长。

上述投影面平行线和投影面垂直线，统称特殊位置直线。

(3)一般位置直线。

与三个投影面均倾斜的直线，如图 3-12 所示。

①其投影特性为三个投影均倾斜于投影轴且长度小于实长，而且不反映直线对投影面的倾角。

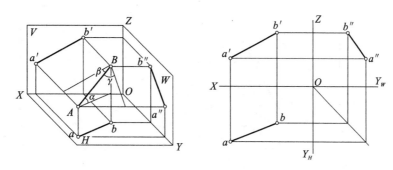

图 3-12 一般位置直线

②一般位置直线的线段实长及其对投影面的倾角。

如前所述,一般位置直线对投影面的三个投影都倾斜于投影轴,每个投影既不反映线段的实长,也不反映倾角的大小,对此,常采用直角三角形法求线段实长及其对投影面的倾角。

在图 3-13(a)中,AB 为一般位置直线,过 B 点作 $BA_0 /\!/ ab$,得一直角三角形 BA_0A,其中直角边 $BA_0 = ab$,$AA_0 = ZA - ZB$,斜边 AB 就是所求的实长,AB 和 BA_0 的夹角就是 AB 对 H 面的倾角 α。同理,过点 A 作 $AB_0 /\!/ a'b'$,得一直角三角形 AB_0B,AB 与 AB_0 的夹角就是 AB 对 V 面的倾角 β。

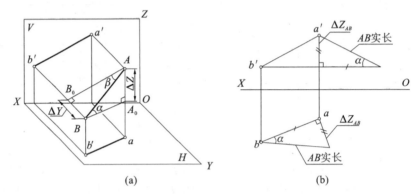

图 3-13 一般位置直线的线段实长及其对投影面的倾角

(a)轴测图;(b)投影图

在投影图上的作图方法见图 3-13(b)。直角三角形画在图纸的任何地方都可以。为作图简便,可以将直角三角形画在图 3-13(b)中的正面投影或水平投影的位置。

3.2.3 直线上的点

如图 3-14 所示,直线上点的投影特性如下。

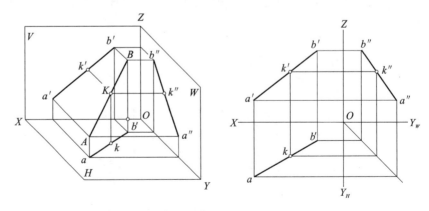

图 3-14 直线上的点

(1)点的从属性：若点在直线上，则点的投影必在直线的同面投影上，反之亦然。

(2)点的定比性：若点在直线上，则点分线段之比等于其投影之比，如图 3-14 中，$AK:KB=a'k':k'b'=a''k'':k''b''$。

【例 3-3】 如图 3-15(a)所示，已知直线 AB 的两面投影，试在其上求一点 C 点，使 $AC:CB=3:2$。

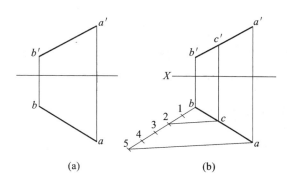

(a)   (b)

图 3-15 应用定比分线段

【解】 根据直线上的点分割线段之比，投影后保持不变的性质，可直接作图。

根据直线上的点的投影特性，作图过程如图 3-15(b)所示。

(1)自点 b 任意引一直线，以任意直线长度为单位长度，从点 b 顺次量 5 个单位，得点 1、2、3、4、5。

(2)连接点 5 与点 a，作 $2c/\!/5a$，与 ab 交于 c。

(3)由点 c 引投影连线，与 $a'b'$ 交得 c'。c' 与 c 即为所求的 C 点的两面投影。

【例 3-4】 如图 3-16 所示，已知侧平线 AB 及点 K 的正面投影和水平投影，判断点 K 是否在直线 AB 上。

【解】 一般情况下判断点是否在直线上，只需观察点与直线在两个投影面上的投影。如图 3-17 所示，点 C 的正面投影、水平投影分别在直线的正面投影、水平投影上，因此点 C 在直线 AB 上，而点 D 只有水平投影在直线 AB 的水平投影上，因此点 D 不在直线 AB 上。

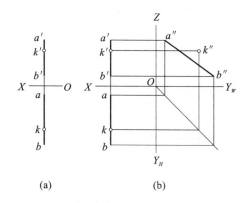

(a)   (b)

图 3-16 判断点是否在直线上 1

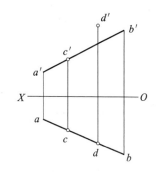

图 3-17 判断点是否在直线上 2

当直线为投影面平行线,且给出的两个投影平行于相应的投影轴时,如图 3-16(a) 所示,不能用观察法确定,常用的判断方法有两种:一种是求出点与直线的第三投影后进行判断,另一种是利用点分线段成定比的投影特性判断。

方法一:

求出直线 AB 与点 K 的侧面投影,如图 3-16(b) 所示。由于点 k'' 不在 $a''b''$ 上,因此点 K 不在直线 AB 上。

方法二:

用点分线段成定比的方法判断。从图 3-16(a) 所示的两面投影中可看出 $ak:kb\neq a'k':k'b'$,因此点 K 不在直线 AB 上。

3.2.4 两直线的相对位置

空间两直线的相对位置有平行、相交和交叉三种。它们的投影特性列在表 3-3 中。

1. 平行两直线

若空间两直线平行,则它们的同面投影相互平行;若空间两直线的各对同面投影平行,则两直线在空间一定相互平行。如图 3-18 所示。

表 3-3   **不同相对位置的两直线的投影特性**

相对位置	平行	相交	交叉
轴测图	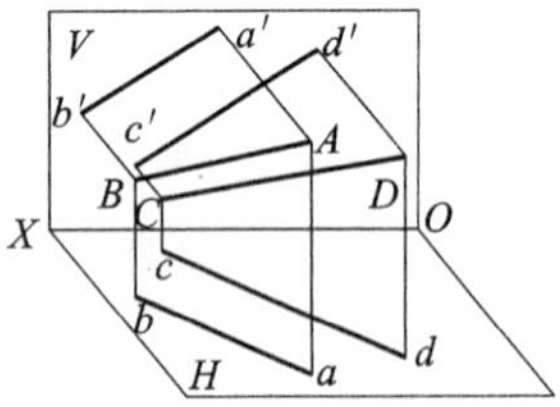	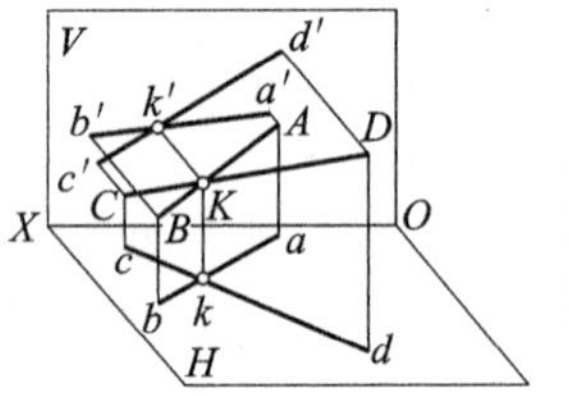	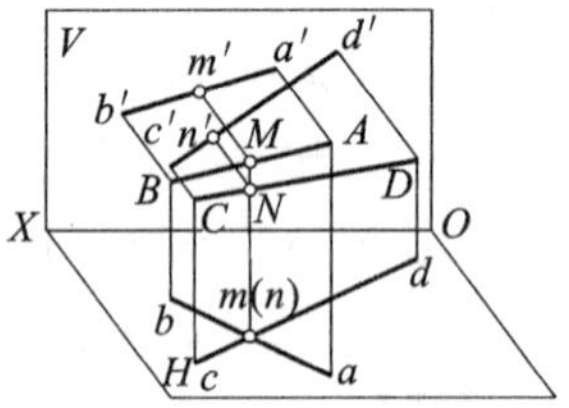
投影图	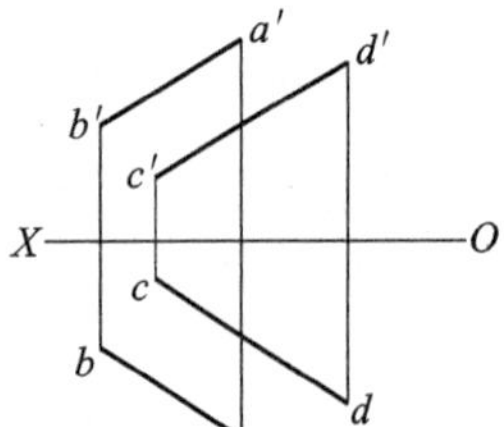	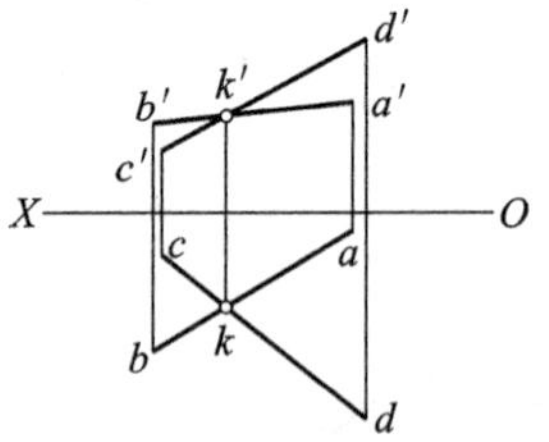	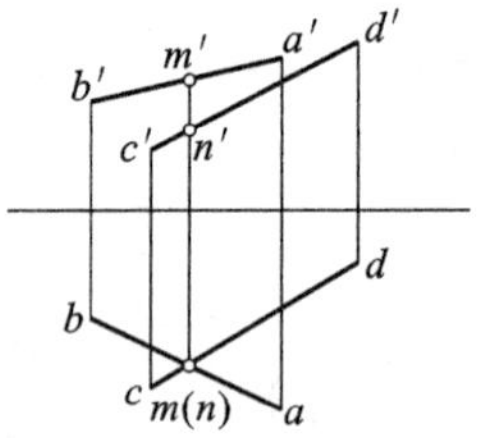
投影特性	同面投影相互平行	同面投影都相交,交点符合一点的投影特性,同面投影的交点,就是两直线的交点的投影	两直线的投影,既不符合平行两直线的投影特性,又不符合相交两直线的投影特性。同面投影的交点,就是两直线上各一点形成的对这个投影面的重影点的重合的投影

当两平行直线是一般位置直线时,只要其两个同面投影相互平行即可判定该两条直线空间平行。当两直线同为投影面平行线时,仅有两个同面投影分别平行,空间两直线未必平行,则需观察三个同面投影。如图 3-19 所示,直线 AB、CD 为侧平线,其正面投影、水平投影相互平行,但求出侧面投影后,由于 $a''b''$ 不平行于 $c''d''$,因此直线 AB、CD 不平行。

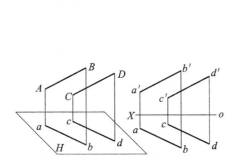

图 3-18　平行两直线

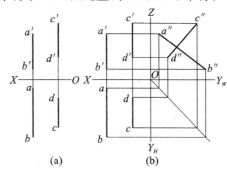

图 3-19　判断两直线是否平行

2. 相交两直线

若空间两直线相交,则它们的同面投影必相交,且交点符合点的投影特性,如图 3-20 所示。

【例 3-5】　试判断图 3-21(a)中两直线 AB、CD 是否相交。

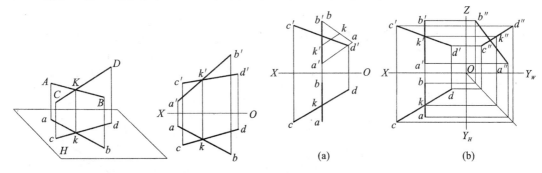

图 3-20　相交两直线　　　　图 3-21　判断两直线是否相交

【解】　已知两直线 AB、CD 的正面投影和水平投影都相交,但由于直线 AB 是侧平线,故两直线投影的交点未必是两直线交点的投影。常用的判断方法有两种:一种是求出两直线的侧面投影后进行判断,另一种是利用点分线段成定比的方法进行判断。

方法一:

作出两直线 AB、CD 的侧面投影,如图 3-21(b)所示,虽然 $a''b''$、$c''d''$ 相交,但两直线的三对同面投影的交点不符合点的投影特性,故得出直线 AB 和 CD 不相交的结论。

方法二:

从图 3-21(a)中两直线的两面投影可以看出 $ak : kb \neq a'k' : k'b'$,即点 K 不在直线 AB 上,因此点 K 不是两直线的共有点,由此也可得出直线 AB 和 CD 不相交的结论。

3. 交叉两直线

空间两条既不平行又不相交的直线,称为交叉两直线。其投影不符合平行和相交两直线的投影特性,如图 3-22(a)所示。

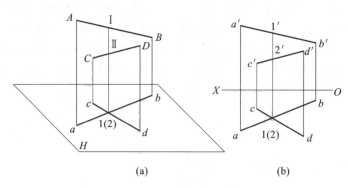

图 3-22　交叉两直线

交叉两直线同面投影的交点是两直线上重影点的投影,由重影点的相对位置可判断空间两直线的相对位置。如图 3-22(b)所示,直线 AB、CD 的水平投影相交,交点是直线 AB 上的点 I 与直线 CD 上的点 II 的重影,由正面投影可看出,$1'$ 在 $2'$ 之上,因此点 I 在 II 之上,故在该处直线 AB 在直线 CD 之上。同理可利用正面投影的重影点判别两直线在该处的前后位置。

【例 3-6】　试作直线 KL 与已知直线 AB、CD 都相交,并平行于已知直线 EF[图 3-23(a)]。

【解】　由图 3-23(a)可知,直线 CD 是铅垂线。因所求直线 KL 与 CD 相交,其交点 L 的水平投影 l 应与 $c(d)$ 重合。又因 $KL /\!/ EF$,所以 $kl /\!/ ef$ 并与 ab 交于 k 点。再根据点线从属关系和平行直线的投影特性求 k',作 $k'l' /\!/ e'f'$,即为所求直线 KL 的投影[图 3-23(b)]。

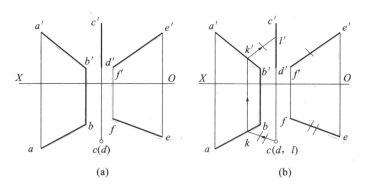

图 3-23　作直线与一已知直线平行且与另外两已知直线相交

3.2.5　直角投影定理

直角投影法则:当互相垂直的两直线中至少有一条平行于某个投影面时,它们在该投影面上的投影也互相垂直。

图 3-24(a)中,AB 与 CD 垂直相交,其中直线 AB 为水平线,另一条直线 CD 为一般位置直线,可证明其 H 面投影 $ab \perp cd$。

直角投影定理

因为 $AB \perp CD$、$AB \perp Bb$，所以 $AB \perp$ 平面 $BbcC$；又因为 $AB /\!/ ab$，所以 $ab \perp$ 平面 $BbcC$，由此得 $ab \perp cd$。

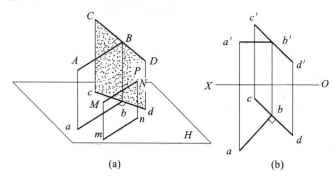

图 3-24　垂直两直线投影

反之，若已知 $ab \perp cd$，直线 AB 为水平线，则有空间 $AB \perp CD$［图 3-24(b)］的关系。上述直角投影法则，也适用于垂直交叉的两直线，图 3-24(a)中直线 $MN /\!/ AB$，但 MN 与 CD 不相交，为垂直交叉的两直线，在水平投影中仍保持 $mn \perp cd$。当垂直两直线之一为某投影面垂直线时，则另一直线为该投影面的平行线。

【例 3-7】　已知水平线 AB 及正平线 CD［图 3-25(a)］，试过定点 S 作一条与它们都垂直的线 SL。

【解】　由于 SL 与 AB、CD 均垂直，且 AB 和 CD 均为投影面平行线，根据直角投影法则，分别作 $sl \perp ab$，$s'l' \perp c'd'$，$SL(sl, s'l')$ 即为所求的垂线。从图 3-25(b)可看出，SL 与 AB、CD 均不相交。

【例 3-8】　已知矩形 $ABCD$ 的不完全投影［图 3-26(a)］，AB 为正平线。补全该矩形的两面投影。

【解】　由于矩形的邻边互相垂直相交，又已知 AB 为正平线，故可根据直角投影法则作 $d'a' \perp a'b'$，得出点 d'。又由于矩形的对边平行且相等，由平行线性质作出 $d'c' /\!/ a'b'$，$a'd' /\!/ b'c'$，得出点 c'，同理，由 $ab /\!/ cd$，$ad /\!/ bc$ 得出点 c，如图 3-26(b)所示。

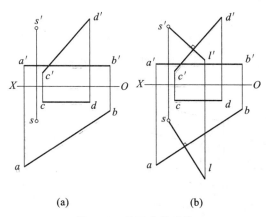

图 3-25　作两直线垂线

(a)已知条件；(b)作图过程

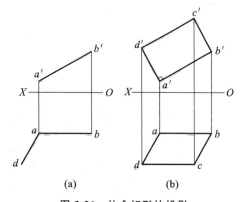

图 3-26　补全矩形的投影

(a)已知条件；(b)作图过程

3.3 平面的投影

3.3.1 平面的表示法

平面可由以下五组几何元素的投影表示,如图 3-27 所示。

(1)不在同一直线上的三个点。

(2)一直线和直线外一点。

(3)相交两直线。

(4)平行两直线。

(5)任意平面图形(如三角形、圆形等)。

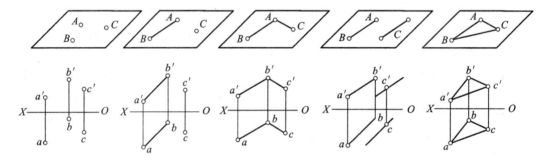

图 3-27　平面的几何元素表示法

3.3.2 平面的投影特性

1.平面对单投影面的投影特性

平面对单一投影面有三种位置关系,如图 3-28 所示。

(1)平面垂直于投影面。

矩形 ABCD 垂直于投影面 H,它在 H 面上的投影积聚为一条直线。矩形 ABCD 上所有几何元素的 H 面投影都重合在这条直线上,这种投影特性称为积聚性,如图 3-28(a)所示。

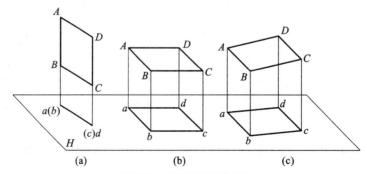

图 3-28　平面的单面投影

（2）平面平行于投影面。

矩形 $ABCD$ 平行于投影面 H，它在 H 面上的投影反映矩形 $ABCD$ 的实形。投影具有实形性，如图 3-28(b)所示。

（3）平面倾斜于投影面。

矩形 $ABCD$ 倾斜于投影面 H，它在 H 面上的投影是面积相比平面实形缩小的类似形，投影具有类似性，如图 3-28(c)所示。

2.平面在三投影面体系中的投影特性

平面的投影特性是由其对投影面的相对位置确定的。在三投影面体系中，平面相对投影面有三种不同位置，分为投影面平行面、投影面垂直面和一般位置平面三类。

（1）投影面平行面。

平行于一个投影面而垂直于其余两个投影面的平面称为投影面平行面。其可分为水平面、正平面、侧平面三种。它们分别平行于 H、V、W 面，三种投影面平行面的投影图及投影特性见表 3-4。

表 3-4　　　　　　　　　　　　　　　**投影面平行面的投影特性**

名称	轴测图	投影图	投影特性
正平面	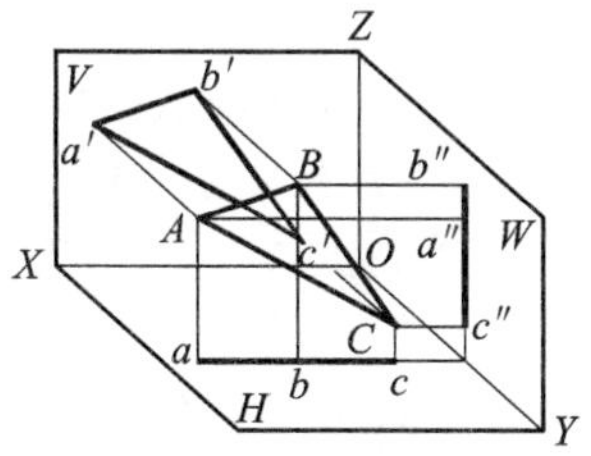	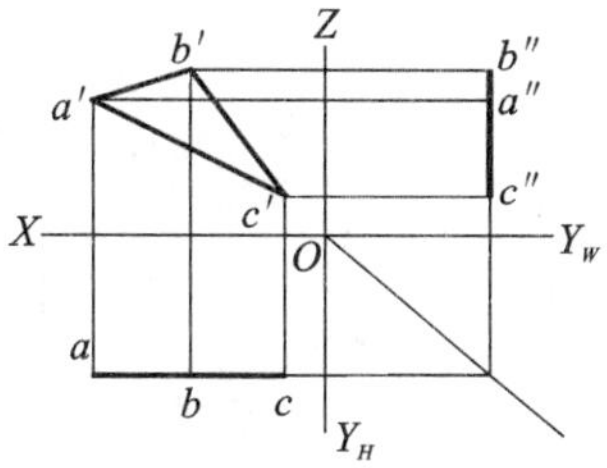	(1)V 面投影反映实形； (2)H 面投影、W 面投影积聚成直线，分别平行于投影轴 OX、OZ
水平面	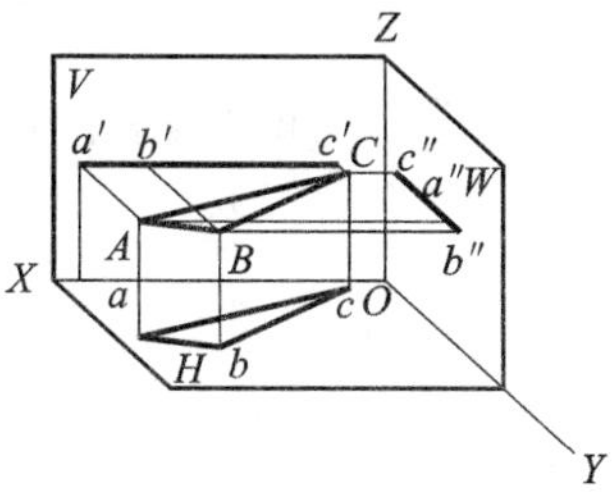	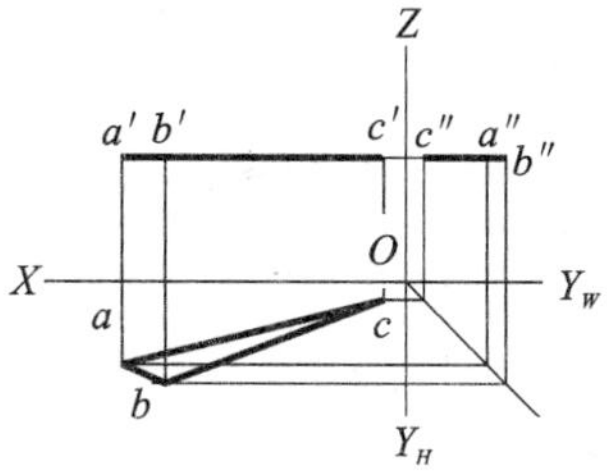	(1)H 面投影反映实形； (2)V 面投影、W 面投影积聚成直线，分别平行于投影轴 OX、OY_W
侧平面	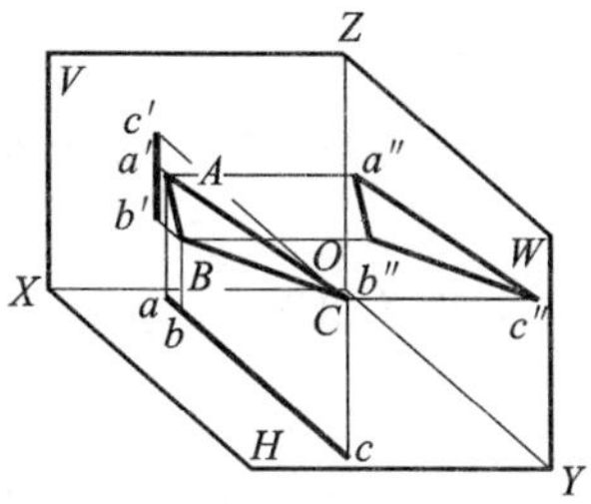	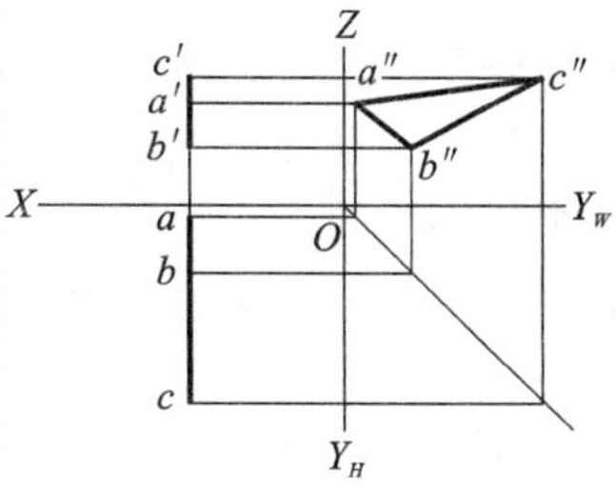	(1)W 面投影反映实形； (2)V 面投影、H 面投影积聚成直线，分别平行于投影轴 OZ、OY_H

从表 3-4 可归纳出投影面平行面的投影特性如下。

①在所平行的投影面上的投影反映平面的实形。

②其余两个投影面上的投影积聚为直线,分别平行于相应的投影轴。

(2)投影面垂直面。

投影面垂直面是垂直于一个投影面而与其余两个投影面都倾斜的平面。其可分为铅垂面、正垂面、侧垂面三种。它们分别垂直于 H、V、W 面。三种投影面垂直面的投影图及投影特性见表 3-5。

表 3-5   投影面垂直面的投影特性

名称	轴测图	投影图	投影特性
正垂面	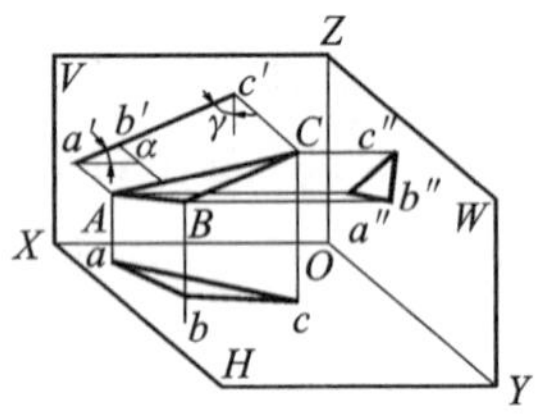	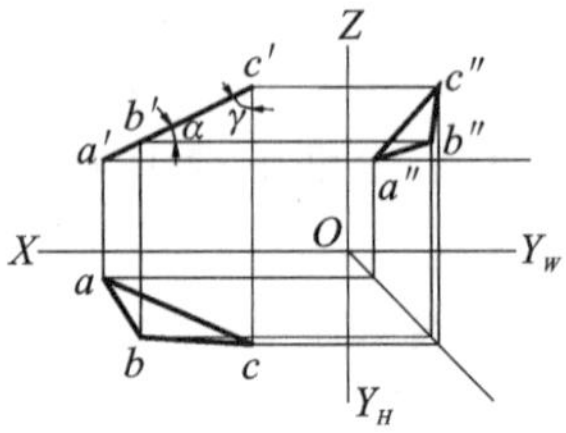	(1) V 面投影积聚成一直线,并反映与 H、W 面的倾角 α、γ; (2) 其他两个投影为面积缩小的类似形
铅垂面	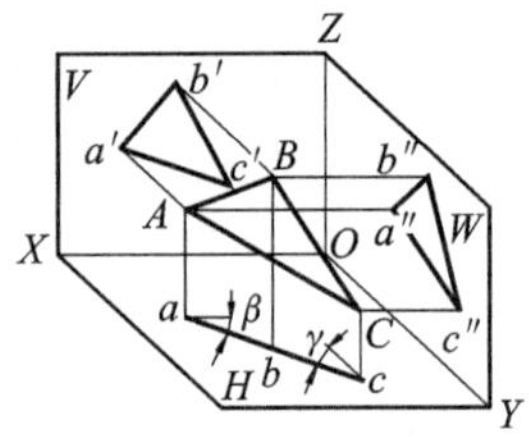	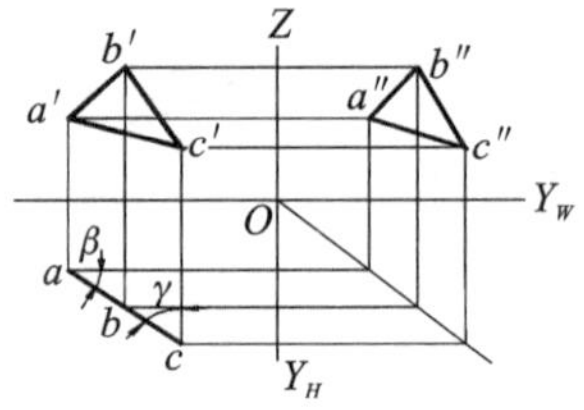	(1) H 面投影积聚成一直线,并反映与 V、W 面的倾角 β、γ; (2) 其他两个投影为面积缩小的类似形
侧垂面	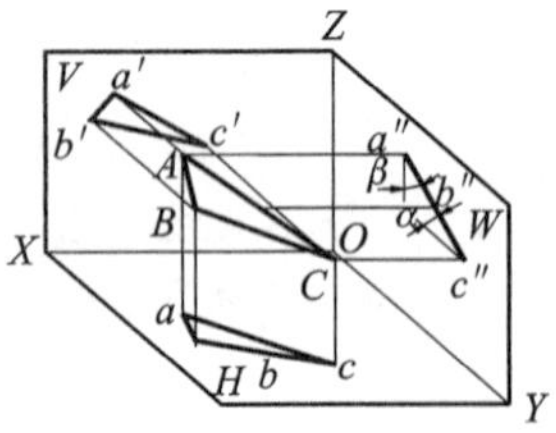	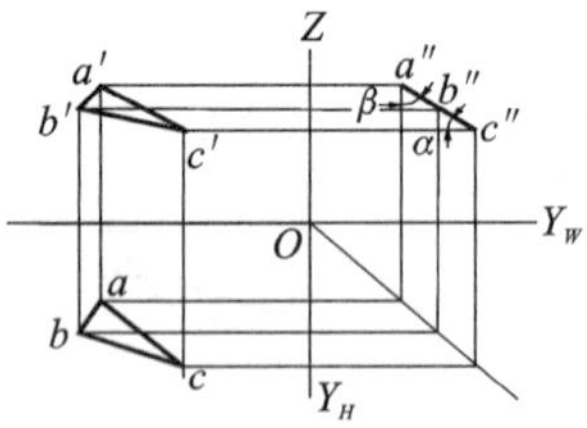	(1) W 面投影积聚成一直线,并反映与 H、V 面的倾角 α、β; (2) 其他两个投影为面积缩小的类似形

从表 3-5 可归纳出投影面垂直面的投影特性如下。

①在所垂直的投影面上的投影积聚为一条倾斜于投影轴的直线,该直线与相应投影轴的夹角反映平面对其余两个投影面的真实倾角。

②其余两个投影面上的投影均是面积相比平面实形缩小的类似形。

(3)一般位置平面。

与三个投影面均倾斜的平面,如图 3-29 所示。其投影特性为三个投影均为面积相比平面实形缩小的类似形。

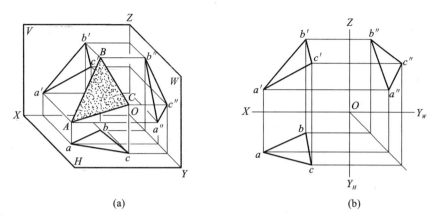

(a)   (b)

图 3-29　一般位置平面

3.3.3　平面内的直线与点

1. 平面内的直线

直线在平面内的几何条件：

①直线通过平面内的两个点。

②直线通过平面内一点且平行于平面内的另一直线。

【例 3-9】　如图 3-30(a)所示,已知由相交两直线 AB 和 BC 给定的一平面,试在该平面内任作两条直线。

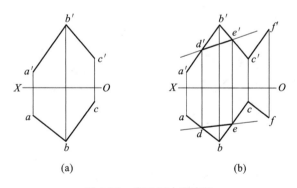

(a)   (b)

图 3-30　在平面内取直线

【解】　根据直线在平面内的几何条件,在已知平面内作任意直线的方法有两种:一种是在平面内任取两个已知点连线,另一种是过面内一点作面内已知直线的平行线。

方法一:

在直线 AB 上任取一点 D(d,d'),在直线 BC 上任取一点 E(e,e'),连接 d'e' 及 de,直线 DE 即为所求,如图 3-30(b)所示。

方法二:

经过平面内的点 C(c,c')作直线 CF(cf,c'f')平行于直线 AB(ab,a'b'),直线 CF 即

为所求,如图 3-30(b) 所示。

【例 3-10】 如图 3-31(a)所示,试过点 A 在△ABC 平面内作一条水平线。

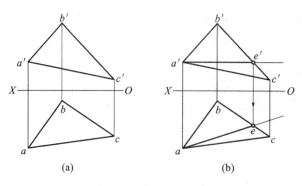

图 3-31 在平面内取水平线

【解】 所作直线应同时满足投影面平行线的投影特性和平面内直线的投影特性,因此所求直线的正面投影应平行于 OX 轴,同时还需满足直线在平面内的几何条件。作图步骤如下。

(1)过 a' 作平行于 OX 轴的直线与 $b'c'$ 交于 e'。

(2)由 e' 在 bc 上定出 e,连 ae,$AE(ae,a'e')$ 即为所求水平线,如图 3-31(b) 所示。

2. 平面内的点

点在平面内的几何条件:点在平面内,则点必在该平面内的一条直线上。因此要在平面内取点必须先在平面内取直线,然后在此直线上取点。

【例 3-11】 如图 3-32(a)所示,已知点 K 在△ABC 内,求点 K 的正面投影,如图 3-32(a)所示。

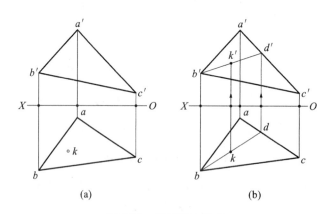

图 3-32 在平面内取点

【解】 要使点 K 在△ABC 内,必须过点 K 作一条△ABC 面内的辅助直线,点 K 的正面投影必在该辅助线的正面投影上。作图步骤如下。

(1)连接 bk 与 ac 交于 d。

(2)由 d 在 $a'c'$ 上定出 d',连 $b'd'$。

（3）由 k 在 $b'd'$ 上定出 k'，点 $K(k,k')$ 即为所求，如图 3-32(b)所示。

3.4 直线与平面、平面与平面的相对位置

在投影法中，直线与平面的相对位置有平行和相交两种。

3.4.1 平行问题

1. 直线与平面平行

直线与平面平行的几何条件是：若直线平行于平面内的某一直线，则该直线与平面平行；反之，若一直线与平面相平行，则在该平面内一定存在与该直线平行的直线。

如图 3-33 所示，直线 MN 平行于△ABC 内的直线 AD，所以 MN//△ABC。

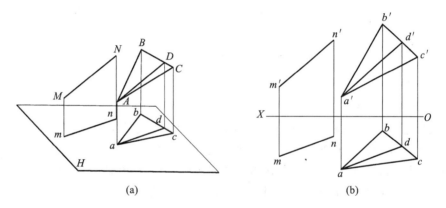

(a)   (b)

图 3-33 直线与平面平行

(a)轴测图；(b)投影图

【**例 3-12**】 如图 3-34(a)所示，过已知点 E 作一水平线 EF，与△ABC 平行。

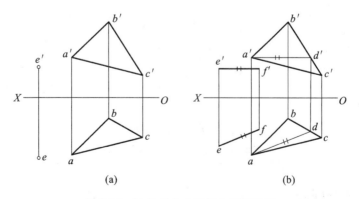

(a)   (b)

图 3-34 过点 E 作水平线与平面平行

(a)已知条件；(b)作图过程与结果

【解】 过定点可以作出无数条直线与定平面平行,而平面内在水平线方向是唯一的,所以过 E 点平行于△ABC 的水平线也是唯一的,只要作直线 EF 平行于平面内任一水平线即可。作图步骤如下。

(1)在△ABC 内任作一水平线 AD(ad、a'd')。

(2)过点 E 作直线 EF//AD,即 ef//ad,e'f'//a'd'//OX,即为所求水平线。

当平面垂直于投影面时,直线与平面相平行的投影特性为:平面的积聚投影与直线的同面投影平行,如图 3-35 所示。

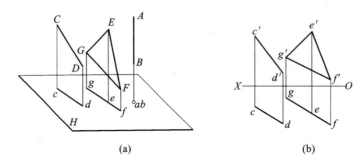

(a)　　　　　　　　　　(b)

图 3-35　直线与特殊位置平面平行

(a)轴测图;(b)投影图

2.平面与平面平行

两平面平行的几何条件是:两平面上各有一对相交直线对应平行。

如图 3-36(a)所示,平面 P 与平面 R 内各有相交直线 AB、BC 和 DE、EF,因为 AB//DE,BC//EF,所以平面 P 平行于平面 R。图 3-36(b)所示是投影图。当两平行平面均垂直于某投影面时,两平面的积聚投影平行,如图 3-36(c)所示。

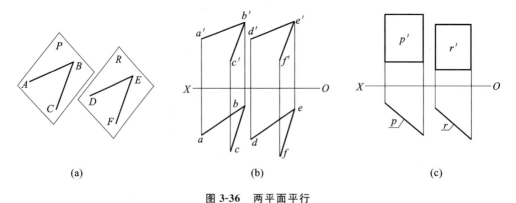

(a)　　　　　　　　(b)　　　　　　　　(c)

图 3-36　两平面平行

(a)轴测图;(b)投影图;(c)两垂直平面平行

3.4.2　相交问题

求直线与平面或两平面相交时,应求出直线与平面的交点、两平面的交线,并判断可见性,将被平面遮住的直线或另一平面的轮廓画成虚线。

1. 直线与平面相交

直线与平面相交的交点是直线与平面的共有点,且是直线可见与不可见的分界点。

如图 3-37(a)所示,一般位置直线 DE 与铅垂面 $\triangle ABC$ 相交,交点 K 的 H 面投影 k 在 $\triangle ABC$ 的 H 面投影 abc 上,又必在直线 DE 的 H 面投影 de 上,因此,交点 K 的 H 面投影 k 就是 bac 与 de 的交点,由 k 作 $d'e'$ 上的 k',如图 3-37(b)所示。交点 K 也是直线 DE 在 $\triangle ABC$ 范围内可见与不可见的分界点。由图 3-37(c)可以看出,直线 DE 在交点右上方的一段 KE 位于 $\triangle ABC$ 平面之前,因此 $e'k'$ 为可见,$k'd'$ 被平面遮住的一段为不可见。也可利用两交叉直线的重影点来判断,$e'd'$ 与 $a'c'$ 有一重影点 $1'(2')$,根据 H 面投影可知,DE 上的点 1 在前,AC 上的点 2 在后,因此 $1'k'$ 可见,另一部分被平面遮挡,不可见,应画虚线。

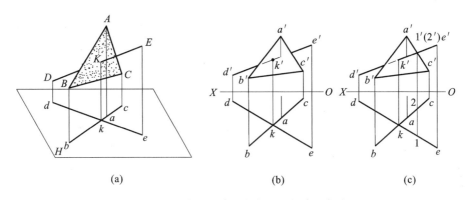

图 3-37　一般位置直线与投影面垂直面相交

如图 3-38(a)、(b)所示,正垂线 EF 与平面 $ABCD$ 相交,EF 的 V 面投影积聚成一点,交点 K 的 V 面投影 k' 与 $e'(f')$ 重合,同时点 K 也是平面 $ABCD$ 上的点,因此,可以利用在平面上取点的方法,求出点 K 的 H 面投影 k,如图 3-38(c)所示。EF 的可见性可利用两交叉直线的重影点来判断,根据 V 面投影可知,EF 上的点 1 在上,AD 上的点 2 在下,因此 $1k$ 可见,另一部分被平面遮挡不可见,应画虚线,如图 3-38(c)所示。

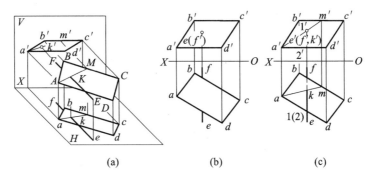

图 3-38　投影面垂直线与一般位置平面相交

2. 平面与平面相交

两平面的交线是两平面的共有线,而且是平面可见与不可见的分界线。

如图 3-39 所示，△ABC 是铅垂面，△DEF 是一般位置平面，在水平投影上，两平面的共有部分 kl 就是所求交线的水平投影，由 kl 可直接求出 $k'l'$。V 面投影的可见性可以从 H 面投影直接判断：平面 $klfe$ 在平面 ABC 之前，因此 $k'l'f'e'$ 可见，画实线，其余部分的可见性如图 3-39(b) 所示。

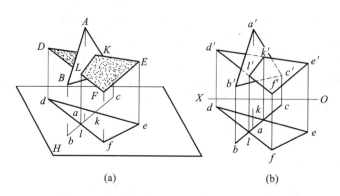

(a)   (b)

图 3-39　投影面垂直面与一般位置平面相交

4 立体的投影

4.1　平面立体的投影

　　任何立体都由围成它的各个表面确定其范围及形状。按其表面的几何形状的不同,立体可分为平面立体和曲面立体两类。表面由平面围成的立体称为平面立体,如棱柱、棱锥;表面由曲面或曲面与平面围成的立体称为曲面立体。若曲面立体的表面是回转曲面,则称为回转体,如圆柱、圆锥和圆球等。

4.1.1　平面立体的三面投影

　　根据平面立体的形状特征,平面立体可分为棱柱、棱锥、棱台,见表 4-1。

表 4-1　　　　　平面立体(棱柱、棱锥、棱台)的三面投影及投影特性

名　称	平面立体及其投影	投影特性
正六棱柱	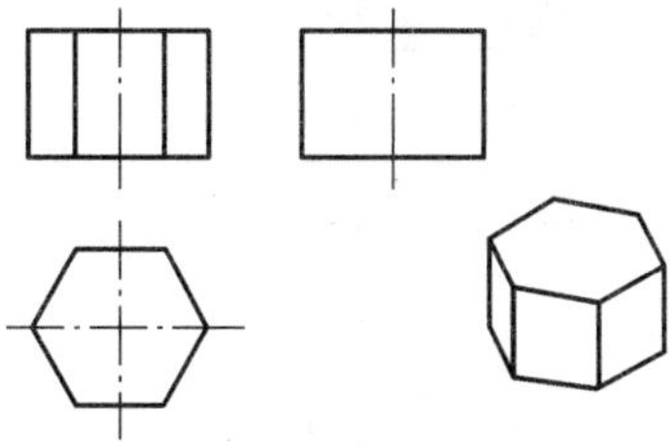	各棱线互相平行
正四棱锥	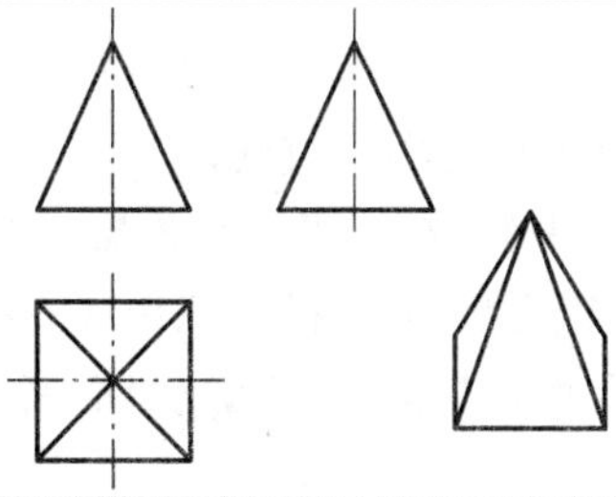	各棱线延长线相交于一点

续表

名　称	平面立体及其投影	投影特性
正三棱台	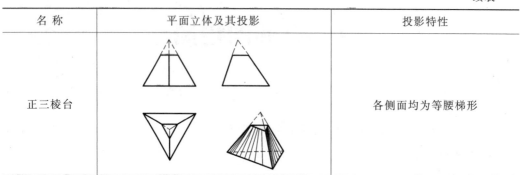	各侧面均为等腰梯形

在绘制平面立体三面投影时,只要将组成它的平面、棱线和顶点绘制出来,立体的三面投影即可完成,因此,绘制平面立体的三面投影可按下列过程进行。

(1)分析形体,若有对称面,绘制对称面有积聚性的投影——用点画线表示。

(2)对于棱柱,绘制顶面、底面的三面投影。

(3)对于棱锥,绘制底面、锥顶的三面投影。

(4)绘制棱柱(锥)线的三面投影。

(5)整理图线。

1.棱柱

以五棱柱为例,如图 4-1 所示,对其做如下分析。

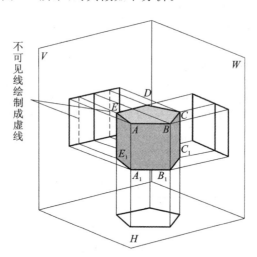

不可见线绘制成虚线

图 4-1　五棱柱透视图

五棱柱的顶面和底面平行于 H 面,它在水平面上的投影反映实形且重合在一起,而它们的正面投影及侧面投影分别积聚为水平方向的直线段。

五棱柱的后侧棱面 EE_1D_1D 为一正平面,在正平面上投影反映其实形,EE_1、DD_1 直线在正面上投影不可见,其水平投影积聚成点,侧面投影积聚成直线段。

五棱柱的另外四个侧棱面都是铅垂面,其水平投影分别汇聚成直线段,而正面投影及侧面投影均为比实形小的类似形。

立体图形与投影面的距离不影响各投影图形的形状及它们之间的相互关系。为了作图简便、图形清楚,在以后的作图中省去投影轴。

作图步骤如图 4-2 所示,具体如下。

(1)布置图面,画作图基线,如图 4-2(a)所示。

(2)画出反映真实形状的面,如图 4-2(b)所示。

(3)根据投影规律画出其他视图,如图 4-2(c)所示。

(4)检查整理底稿后,加深三视图的可见线,将不可见线绘制成虚线,如图 4-2(d)所示。

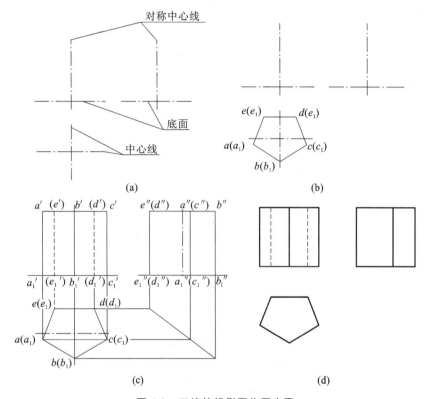

图 4-2　五棱柱投影图作图步骤

(a)画作图基线;(b)画 H 面投影;(c)根据投影规律画出其他视图;

(d)加深三视图的可见线,将不可见线绘制成虚线

2.棱锥

以三棱锥为例,如图 4-3 所示,对其做如下分析。

三棱锥由底面 ABC 和三个棱面 SAB、SBC、SAC 组成。底面 ABC 为一水平面,水平投影反映实形,其他两投影积聚为一水平直线;后棱面 SAC 为侧垂面,在侧面投影上积聚成直线,其他两投影为不反映实形的三角形;棱面 SAB 和 SBC 为一般位置平面,所以在三面投影上既没有积聚性,也不反映实形;底面三角形各边中 AB、BC 边为水平线,CA 边为侧垂线,棱线 SA、SC 为一般位置直线,SB 为侧平线。

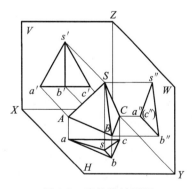

图 4-3　三棱锥轴测图

作图时应先画出底面△ABC的三面投影,再作出锥顶S的三面投影,然后连接各棱线,完成斜三棱柱的三面投影图,如图4-4所示。棱线可见性则需要通过具体情况进行分析与判断。

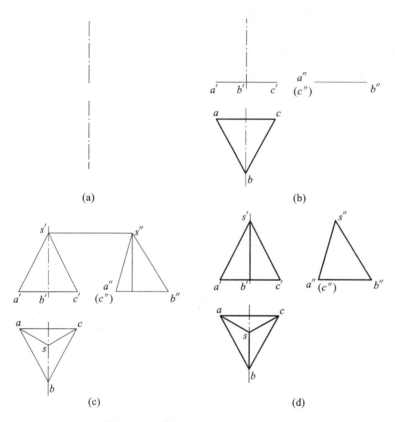

图4-4　三棱锥三面投影的作图过程

(a)画作图基线;(b)对称面有积聚性的投影;
(c)底面、锥顶、棱线的三面投影;(d)整理图线

3.棱台

用平行于棱锥底面的平面切割棱锥,底面和截面之间的部分称为棱台,如图4-5所示。

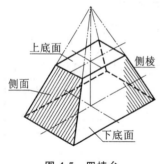

图4-5　四棱台

由三棱锥、四棱锥、五棱锥……切得的棱台,分别称为三棱台、四棱台、五棱台……现以正四棱台为例分析投影,如图4-6所示。

4.平面体的投影特点

平面体的投影,实质上就是点、直线和平面投影的集合。投影图中的线条,可能是直线的投影,也可能是平面的积聚投影。投影图中线段的交点,可能是点的投影,也可能是直线的积聚投影。投影图中任何一封闭的线框都表示立体上某平面的投影。当向某

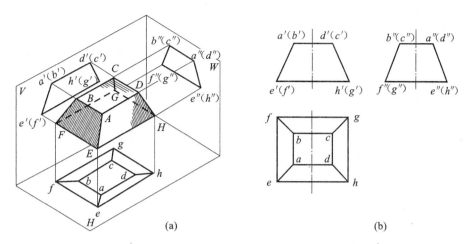

图 4-6　四棱台的投影

(a)轴测图;(b)投影图

投影面作投影时,凡是看得见的直线用实线表示,看不见的直线用虚线表示。

一般情况下,当平面的所有边线都看得见时,该平面才看得见。

4.1.2　平面立体的表面取点

平面立体表面上点和直线的投影实质上就是平面上的点和直线的投影,不同之处是平面立体表面上的点和直线的投影存在可见性的判断问题。

1.正六棱柱上取点

图 4-7 中为正六棱柱的三面投影图,正六棱柱的顶面和底面为水平面,前后两侧棱柱面为正平面,其他四个侧棱面均为铅垂面。正六棱柱前后对称,左右也对称。

若已知六棱柱表面 M 点的正面投影 m',六棱柱底面上 N 点的水平投影 n,求两点其余投影。

①求 M 点投影。如图 4-7 所示,首先确定 M 点在哪一个棱面上,由于 M 点可见,故 M 点属于六棱柱左前棱面,此棱面为铅垂面,水平投影具有积聚性,因此可由 m' 向下作辅助

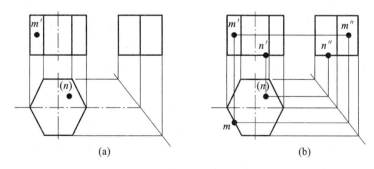

图 4-7　正六棱柱表面取点

(a)已知条件;(b)作图求解

线直接求出水平投影 m，再借助投影关系求出侧面投影 m''。

② 求 N 点投影。如图 4-7 所示，确定 N 点所在面，水平投影不可见，可知 N 点位于下端面，此面是水平面且在正平面和侧平面上的投影具有积聚性，所以可直接求得 N 点的其他投影。

2. 三棱锥取点

如图 4-8 所示，三棱锥底面 ABC 平面为水平面，BCS 面为侧垂面。

若已知三棱锥表面上两点 M 和 N 的正面投影，求其水平投影和侧面投影。

① 求 M 点的水平投影和侧面投影，从所给出的 M 点的正面投影不可见，可知 M 点位于 BCS 面上，BCS 面为侧垂面且在侧面上的投影具有积聚性，由此可以直接得到 m'' 点，利用投影关系可求得 m 点。

② 求 N 点的水平投影和侧面投影。分析 N 点位于 SAC 面上，可过 N 点作辅助直线 $S1$，求得 $S1$ 的水平投影和正面投影，点 N 属于 $S1$ 上的一点，可使用求直线上一点的方法求得 N 点水平投影，使用投影关系求得侧面投影，如图 4-8 所示。

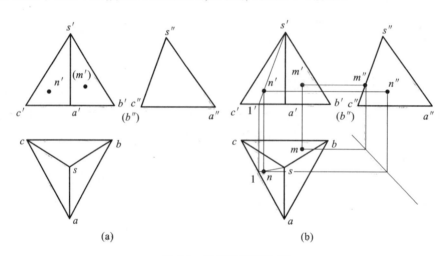

图 4-8 三棱锥表面取点

(a) 已知条件；(b) 作图求解

3. 四棱台表面取点

图 4-9(a) 所示为四棱台的投影。想象四棱台的空间形状：该四棱台由六个平面围成，其左右两面为正垂面，后面为正平面，前面为侧垂面，上下底面为水平面。再看清楚各表面在投影图上的对应关系，根据已知的正面投影和水平投影画出侧面投影。

若 A 点的正面投影不可见，则 A 点必位于四棱台的后面，根据点的投影规律及所在面的投影特性，可以很容易地求出点的水平投影，画出侧面投影。若 D 点正面投影可见，则 D 点必位于四棱台的前面，同样根据点的投影规律及所在表面的投影特性，可以很容易地求出点的侧面投影和水平投影。B、C 两点的求法类似，不再重复，要注意的是投影点可见性的判断。作图步骤及结果如图 4-9(b) 所示。

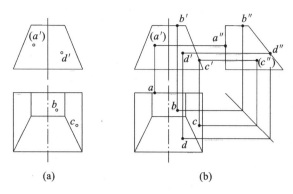

(a)　　　　　　　　(b)

图 4-9　四棱台的投影及表面取点

4.2　曲面体的投影

常见的曲面立体有圆柱、圆锥、球、圆环等,这些立体表面上的曲面都是回转面,因此又称它们为回转体。

回转面的形成如图 4-10 所示。回转面是由一条母线(直线或是曲线)绕某一轴线回转而形成的曲面,母线在回转过程中的任意位置称为素线;母线各点运行轨迹皆为垂直于回转体轴线的圆。

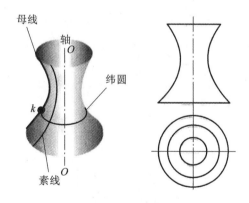

图 4-10　回转面的形成

圆柱:由圆柱面和两端圆平面组成。圆柱面是由一直线绕与之平行的轴线旋转而成。

圆锥:由圆锥面和底圆平面组成。圆锥面是由母线绕与它端点相交的轴线回转而成。

球:由球面围成,球面是由一个圆母线绕过圆心且在同一平面上的轴线回转而成的曲面。

圆环:由圆环面围成。圆环面是由一个圆母线绕不通过圆心但在同一平面上的轴线回转而成的曲面。

表 4-2 常见回转体的形成、三面投影及投影特性

名称	投影	形成及投影特性
圆柱体	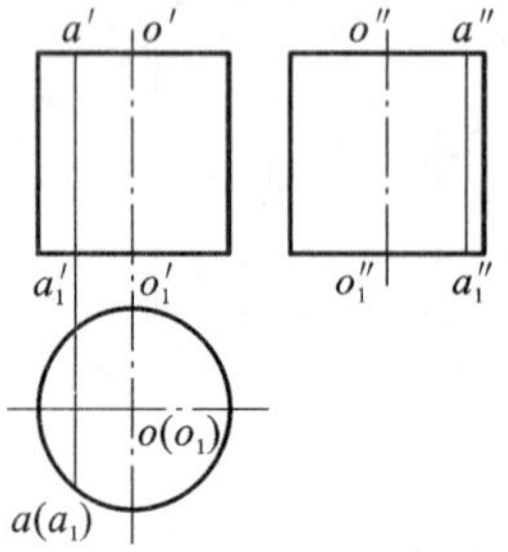	圆柱体是由圆柱面和两个底面围成； 圆柱面是以直线 AA_1 为母线，绕与其平行的轴线 OO_1 旋转而成； 水平投影积聚为圆； 正面和侧面投影均为矩形 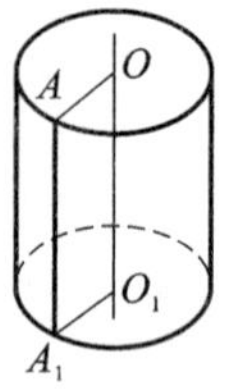
圆锥体	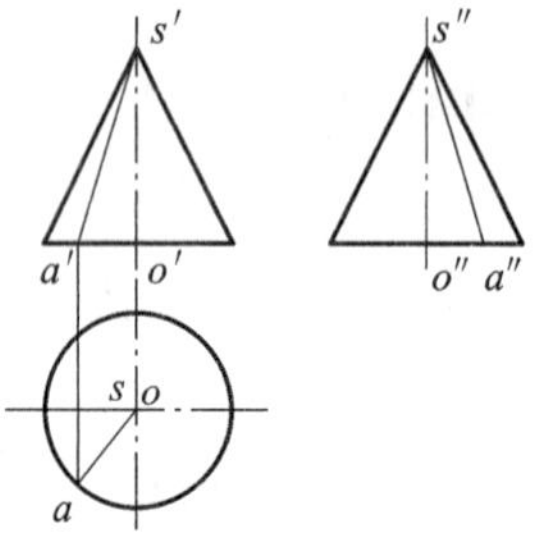	圆锥体是由圆锥面和底面围成； 圆锥面是以直线 SA 为母线，绕与其相交的轴线 SO 旋转而成； 水平投影为圆，即底面轮廓线，圆锥面无积聚性； 正面和侧面投影均为三角形 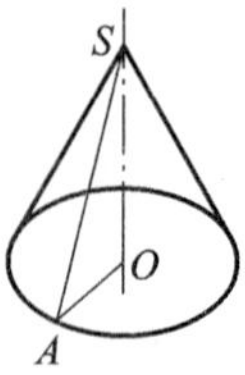
圆球	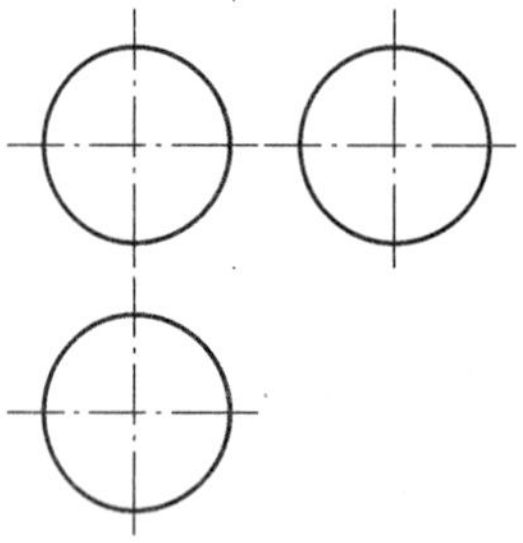	以半圆为母线，绕圆的直径为轴线旋转； 三面投影均为圆 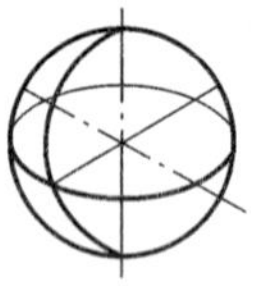

组成回转体的基本面是回转面，在绘制回转面的投影时，首先用点画线画出轴线的投影，然后分别画出相对于某一投影方向转向线的投影。所谓转向线，是指回转面在该投影方向上可见部分与不可见部分的分界线，其投影称为轮廓线。因此，常见回转体的三面投影的作图过程如下。

（1）分析形体，找出对称面，绘制对称面有积聚性的投影和轴线的投影，且用点画线表示。

（2）对于圆柱，绘制顶面和底面的三面投影。

（3）对于圆锥，绘制底面和锥顶的三面投影。

（4）绘制相对于某一投影方向转向线的投影。

（5）整理图线。

4.2.1 曲面立体的三面投影

1. 圆柱的投影

图 4-11 所示为三投影面体系中的圆柱,对其做如下分析。

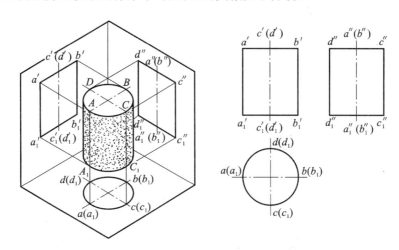

图 4-11 圆柱投影立体图及三面投影图

圆柱体的上下底面为水平面,故水平投影为圆,反映真实图形,而其正、侧面投影为直线。

圆柱面水平投影积聚为圆,正面投影和侧面投影为矩形,矩形的上、下两边分别为圆柱上下端面的积聚性投影。

最左侧素线 AA_1 和最右侧素线 BB_1 的正面投影线分别为 $a'a_1'$ 和 $b'b_1'$,又称圆柱面对 V 面的投影的轮廓线。AA_1 与 BB_1 的正面投影与圆柱线的正面投影重合,画图时不需要表示。

最前素线 CC_1 和最后素线 DD_1 的侧面投影线分别为 $c''c_1''$ 和 $d''d_1''$,又称圆柱面对 W 面的投影的轮廓线。CC_1 与 DD_1 的正面投影与圆柱线的正面投影重合,画图时不需要表示。

作图时应先用点画线画出轴线的各个投影及圆的对称中心线,然后绘制出反映圆柱底面实形的水平投影,最后绘制正面及侧面投影。

【例 4-1】 画出图 4-12 所示圆柱的三面投影。

【解】 图 4-12 所示圆柱的轴线为侧垂线,由圆柱面及左右两底面围成。圆柱体上下、前后对称,对称面分别为水平面和正平面;圆柱面的侧面投影有积聚性,积聚为一个圆,两底面轮廓的侧面投影与此圆重影,在正面和水平投影面上,两底面的投影积聚成直线,其长度为圆的直径。圆柱面对 V 面的转向线为最上、最下素线 AA 和 BB,均为侧垂线,水平投

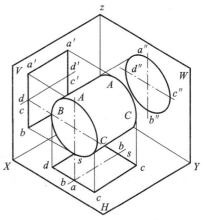

图 4-12 圆柱的空间分析

影 aa 和 bb 与轴线的水平投影重合,不必画出;圆柱面对 H 面的转向线为最前、最后素线 CC 和 DD,正面投影 $c'c'$ 和 $d'd'$ 与轴线的正面投影重合,所以也不画出。按上述分析,其作图过程如图 4-13 所示。

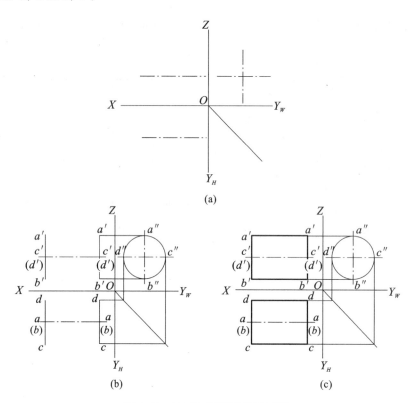

图 4-13　圆三面投影的作图过程
(a)轴线、对称面有积聚性的投影;(b)左右两底面的三面投影;(c)圆柱的三面投影

在正面投影中,以 AA 和 BB 为界,前半圆柱面可见,后半圆柱面不可见;水平投影中以 CC 和 DD 为界,上半圆柱面可见,下半圆柱面不可见,据此可以判别圆柱面上的点的可见性。

2.圆锥的投影

图 4-14 所示为三投影面体系中的圆锥,对其进行如下分析。

圆锥的水平投影为一个圆,这个圆既是圆锥平行于 H 面的底圆的实形,又是圆锥面的水平投影。

圆锥面的正面投影与侧面投影都是等腰三角形,三角形的底边为圆锥底圆平面有积聚性的投影。

正面投影中三角形的左右两腰 $s'a'$ 和 $s'b'$ 分别为圆锥面上最左素线 SA 和最右素线 SB 的正面投影,又称为圆锥面对 V 面投影的轮廓线,SA 和 SB 的侧面投影与圆锥轴线的侧面投影重合,画图时不需要表示。

侧面投影中三角形的前后两腰 $s''c''$ 和 $s''d''$ 分别为圆锥面上最前素线 SC 和最后素线 SD 的侧面投影,又称为圆锥面对 W 面投影的轮廓线,SC 和 SD 的正面投影与圆锥轴线的

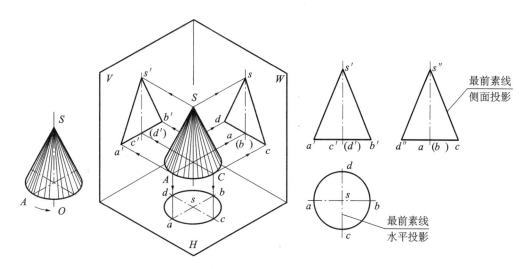

图 4-14 圆锥体立体投影图及三面投影图

正面投影重合,画图时不需要表示。

作图时应首先用点画线画出轴线的各个投影及圆的对称中心线,然后画出水平投影上反映圆锥底面的圆,完成圆锥的其他投影,最后加深可见线。

【例 4-2】 画出图 4-15 所示的圆锥的三面投影。

【解】 圆锥体由圆锥面和底面围成。图 4-15 所示为一正圆锥,前后、左右对称,对称面分别为正平面和侧平面;其轴线为铅垂线,底面为水平面,其水平投影反映圆的实形,同时,圆锥面的水平投影也落在圆的水平投影上;回转面对 V 面的转向线为最左、最右素线 SA、SB,且为正平线,其投影 s'a' 和 s'b' 为圆锥面正面投影的轮廓线;回转面对 W 面的转向线为最前、最后素线 SC、SD,且为侧平线,其投影 s"c" 和 s"d" 为圆锥面侧面投影的轮廓线。其作图过程如图 4-16 所示。

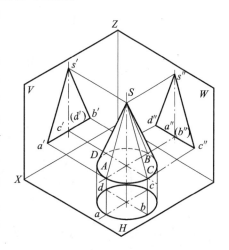

图 4-15 圆锥的空间分析

3. 球的投影

图 4-17 所示为三投影面体系中的球,对其进行如下分析。

球的三面投影均为大小相等的圆,其直径等于球的直径,但三个投影面上的圆是不同转向线的投影。

正面投影 a' 是球面平行于 V 面的最大圆 A 的投影(区分前、后半球表面的外形轮廓线)。

水平投影 b 是球面平行于 H 面的最大圆 B 的投影(区分上、下半球表面的外形轮廓线)。

侧面投影 c" 是球面平行于 W 面的最大圆 C 的投影(区分左、右半球表面的外形轮廓

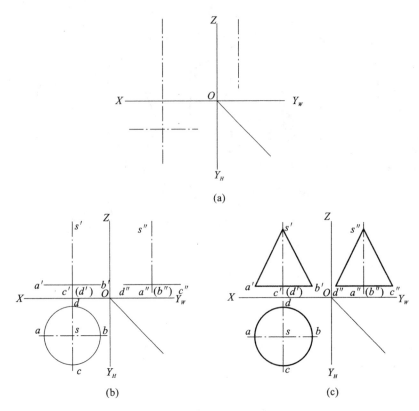

(a)

(b) (c)

图 4-16 圆锥三面投影的作图过程
(a)轴线、对称面有积聚性的投影;(b)底面、锥顶的三面投影;(c)圆锥的三面投影

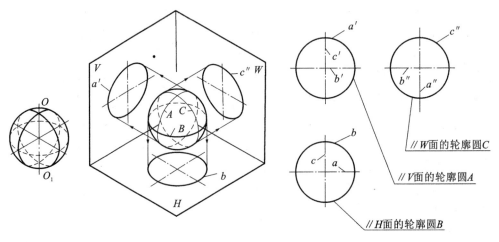

//W面的轮廓圆C

//V面的轮廓圆A

//H面的轮廓圆B

图 4-17 球体的立体投影图及三面投影

线)。作图时首先用点画线画出各投影的对称中心线,然后画出与球等直径的圆。

【**例 4-3**】 画出图 4-18(a)所示的圆球的三面投影。

【**解**】 圆球由单一的球面围成,上下、左右、前后均对称。回转面对 V 面的转向线为

一正平的大圆 A；对 H 面的转向线为一水平大圆 B；对 W 面的转向线为一侧平的大圆 C。所以，球的三面投影均为圆，圆的直径与球的直径相等。作图过程如图 4-18 中所示。

作图时应注意，正平大圆 A 的水平投影和侧面投影均与前后的对称面（点画线）重合，故其投影不必画出。同理，水平大圆 B 的正面投影和侧面投影以及侧平大圆 C 的正面投影和水平投影也不画出。正面投影以 A 圆为界，前半球面可见，后半球面不可见；水平投影以 B 圆为界，上半球面可见，下半球面不可见；侧面投影以 C 圆为界，左半球面可见，右半球面不可见。

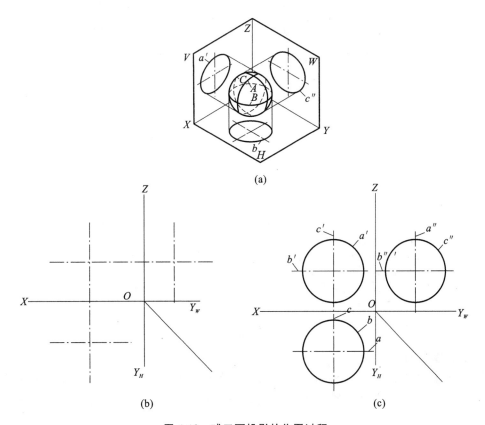

(a)

(b)　　　　　　　　　　(c)

图 4-18　球三面投影的作图过程
(a)球的空间分析；(b)对称面的三面投影；(c)圆球的三面投影

4.2.2　曲面立体的表面取点

1.圆柱表面上取点

如图 4-19 所示，已知圆柱表面上的一点 K 在正面上的投影为 k'，现作它的其余两投影。由于圆柱面上的水平投影有积聚性，因此点 K 的水平投影应在圆周上，因为 k' 可见，所以点 K 在前半个圆柱上，由此得到 K 的水平投影 k，然后根据 k'、k 便可求得点 K 的侧面投影 k''，因点 K 在右半圆柱上，k'' 不可见，应加括号表示不可见。

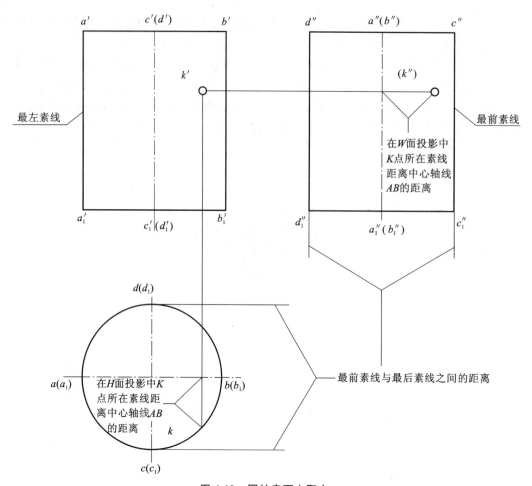

图 4-19　圆柱表面上取点

2.圆锥表面上取点

由于圆锥的三个投影都没有积聚性,因此,若根据圆锥面上点的一个投影求作该点的其他投影时,必须借助圆锥面上的辅助线,作辅助线的方法有素线法和纬圆法两种(图 4-20)。

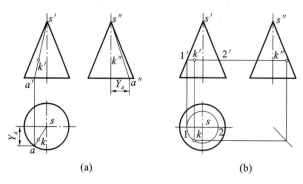

图 4-20　圆锥表面上取点

(a)素线法;(b)纬圆法

(1)素线法:过锥顶作辅助素线。

已知圆锥面上的一点 K 的正面投影 k',求作它的水平投影 k 和侧面投影 k''。步骤如下:

① 在圆锥面上过点 K 及锥顶 S 作辅助素线 SA,即过点 K 的已知投影 k' 作 $s'a'$,并求出其水平投影 sa。

② 按"宽相等"关系求出侧面投影 $s''a''$。

③ 判断可见性:根据 k' 点在直线 SA 上的位置求出点 k'' 及 k 的位置,点 K 在左半圆锥上,所以点 k'' 可见。

(2)纬圆法:用垂直于回转体轴线的截平面截切回转体,其交线一定是圆,称为"纬圆",通过纬圆求解点位置的方法称为纬圆法。

已知圆锥面上的一点 K 的正面投影,求解其他两个方向投影。步骤如下:

① 在圆锥面上过 K 点作水平纬圆,其水平投影反映真实形状,过 k' 作纬圆的正面投影 $1'2'$,即过 k' 作轴线的垂线 $1'2'$。

② 以 $1'2'$ 为直径,以 s 为圆心画圆,求得纬圆的水平投影 12,则 k 必在此圆周 12 上。

③ 由 k' 和 k 通过投影关系求得 k''。

3.圆面上取点

如图 4-21 所示,由于圆的三个投影都无积聚性,所以在球面上取点、线,除特殊点可直接求出外,其余均需用辅助圆画法,并注明可见性。

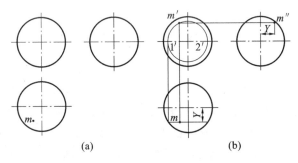

图 4-21　圆面上取点

(a)已知;(b) 作图求解

已知球面上一点 M 的水平投影 m,求点 M 的其余两个投影面投影,作图方法如下:

(1)根据点 m 可确定点 M 在上半球面的左前部,过 M 点作一平行于 V 面的辅助圆,点 m' 一定在该圆周上,求得点 m',由点 M 在前半球上,可知点 m' 可见。

(2)由点 m' 及 m 根据三面点投影关系求得点 m'',由点 M 在左半球上可知点 m'' 可见。

4.3　平面与立体相交——截交线

截交时,与立体相交的平面称为截平面,该立体称为截切体;截平面与立体表面产生的交线称为截交线。

1. 截交线的性质

截交线具有下列性质：

(1)平面立体的截交线是截平面与平面立体表面的共有线,截交线上的点是截平面与立体表面上的共有点。

(2)因为平面立体的表面都具有一定的范围,所以截交线通常是封闭的平面多边形。

(3)多边形的各顶点是平面立体的各棱线或边与截平面的交点,多边形的各边是平面立体的棱边与截平面的交线,或是截平面与截平面的交线。

2. 求截交线的方法

根据截交线的性质,截交线由一系列共有点组成,故求截交线的方法可归结为前面所介绍的立体表面取点的方法。

3. 求截交线投影的步骤

①进行截交线的空间及投影的形状分析,找出截交线的已知投影。

②作图:求出截平面与立体表面的一系列共有点,判断可见性。依次连接成截交线的同面投影,并加深立体的轮廓线到与截交线的交点处,完成全图。

4.3.1 平面与平面立体相交

平面立体被单个或多个平面切割后,既具有平面立体的形状特性,又具有截平面的平面特征。因此在看图或画图时,一般应先从反映平面立体特征视图的多边形线框出发,想象出完整的平面立体形状并画出其投影,然后根据截平面的空间位置,想象出截平面的形状并画出投影。平面立体上切口的画法,常利用平面特性中"类似形"这一投影特性来作图。

【例4-4】 已知被平面 P_v 截切的三棱锥,完成它的其余视图绘制。

【解】 不难看出,截平面与三棱锥的三个棱边均有一个交点,截交线是一个三角形,找出三个点在各投影中的位置就可以绘制出截面投影,步骤如下(图4-22)。

①设 P_v 与 $s'a'$、$s'b'$、$s'c'$ 的交点 $1'$、$2'$、$3'$ 为截平面与各棱线的交点 Ⅰ、Ⅱ、Ⅲ 的正面投影。

②根据线上取点的方法,求出 1、2、3 和 $1''$、$2''$、$3''$。

③连接各点的同面投影即为截交线的三个投影。

④补全棱线的投影,加深视图。

截切四棱锥
动画

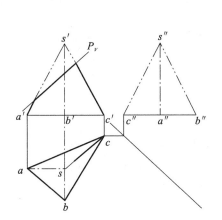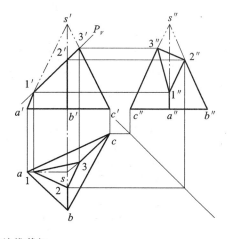

图 4-22　三棱锥截切

(a)已知条件；(b)作图求解

【例 4-5】 求作如图 4-22(a)所示带切口五棱柱的投影。

【解】 五棱柱被正平面 P 和侧垂面 Q 截切，与 P 平面的交线为 $BAGF$，与 Q 平面的交线为 $BCDEF$，P 与 Q 的交线为 BF。正平面与五棱柱的各棱线均不相交，侧垂面也只与三条棱线相交，因此，截交线的各顶点不能仅用棱线法求出。

由于截交线 $BAGF$ 在正平面 P 上，故正面投影为反映实形的四边形，水平和侧面投影均积聚成直线；截交线 $BCDEF$ 既属于五棱柱的棱面，也属于侧垂面 Q，所以其水平投影积聚在五棱柱棱面的水平投影上，侧面投影积聚成直线；P、Q 两截平面的交线是侧垂线 BF，侧面投影积聚成点。

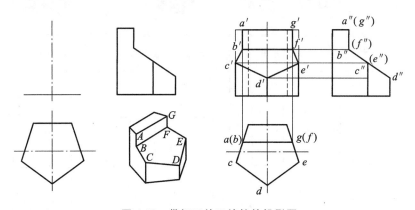

图 4-23　带切口的五棱柱的投影图

具体作图步骤如下[图 4-23(b)]：

①画出五棱柱的正面投影。

②在已知的侧面投影上标明截交线上各点的投影 a''、b''、c''、d''、e''、f''、g''。

③由五棱柱的积聚性，求出各点的水平投影 a、b、c、d、e、f、g。

④由各点的水平投影和侧面投影求出其正面投影 a'、b'、c'、d'、e'、f'、g'。

⑤截交线的三面投影均可见，按顺序连接各点的同面投影，并画出交线 BF 的三面投影。

⑥整理轮廓线。

4.3.2 平面与曲面立体相交

曲面立体的截交线，一般情况下是一条封闭的平面曲线。作图时，须先求出若干个共有点的投影，然后用曲线将它们依次光滑地连接起来，即为截交线的投影。截交线的形状由回转体表面的性质和截平面对回转体的相对位置确定。

1. 平面与圆柱体相交

平面与圆柱体相交时，根据截平面与圆柱体轴线的相对位置不同，截交线的形状也对应有三种情况，见表 4-3。

表 4-3   平面截切圆柱的截交线

截平面位置	平行于圆柱轴线	垂直于圆柱轴线	倾斜于圆柱轴线
立体图			
截交线	平行于轴线的矩形	垂直于轴线的圆	椭圆
投影图			

截切圆柱体动画

圆柱截交线椭圆动画

【例 4-6】 圆柱被一正垂面所截，已知主视图和俯视图，求左视图。

【解】 圆柱体被正垂面截切，截交线是一椭圆。此截交线椭圆的

V投影积聚为一直线,H面投影积聚在圆周上,W面的投影是椭圆需要求出,如图4-24所示。

(a)

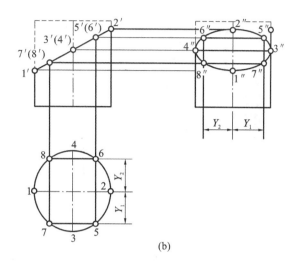

(b)

图 4-24　圆柱体截切

(a)立体图;(b)作图求解

作图方法:先画出完整的圆柱体的左视图,再求截交线的侧面投影。具体步骤如下。

①求特殊点。特殊点主要是转向轮廓线上的共有点,截交线上最高、最低、最前、最后、最左、最右点以及能确定截交线形状特性的点,如椭圆长短轴端点等。

②点Ⅰ、Ⅱ为椭圆的短轴,点Ⅲ、Ⅳ为椭圆的长轴,点Ⅰ和点Ⅱ分别位于圆柱的最左、最右素线上,点Ⅰ为最低点,点Ⅱ为最高点。点Ⅲ和Ⅳ分别位于圆柱的最前和最后素线上。它们的正面投影$1'$、$2'$、$3'$、$4'$和水平投影1、2、3、4可直接标出来。由两投影可求出侧面投影$1''$、$2''$、$3''$、$4''$。

③求一般点。为使作图准确,还须作出若干一般点。在特殊点之间再找几个一般点,如点Ⅴ、Ⅵ、Ⅶ、Ⅷ,根据它们的正面投影$5'$、$6'$、$7'$、$8'$和水平投影5、6、7、8即可求出侧面投影$5''$、$6''$、$7''$、$8''$。

④判断可见性、连线。用曲线板依次光滑连接各点的侧面投影,即得截交线的侧面投影。

⑤加深侧投影面的轮廓线至$3''$、$4''$,完成截交线的侧面投影。

【例4-7】　完成下列图形的三视图。

【解】　圆柱面被与其轴线平行的平面所截,截交线为一对与轴平行的直线,如图4-25所示。作图方法如下。

①画出圆柱的三面投影图。

②按五个截平面的实际位置,画出它们的正面投影。

③按投影关系,作出截平面的水平投影。

④由V、H两面投影求侧面投影。

a.求各水平面的侧面投影:两水平面的侧面投影各积聚为一水平线段$1''2''$和$5''6''$。

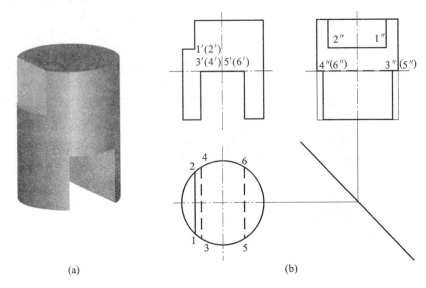

图 4-25　圆柱体被截切

(a)立体图;(b)作图求解

b.求各铅垂面的侧面投影侧平面各投影为矩形。

⑤判断可见性。

⑥加深线型。

当截平面与圆柱轴线相交的角度发生变化时,其侧面投影上椭圆的形状也随之变化。当角度为 45°时,椭圆的侧面投影为圆,如图 4-26 所示。

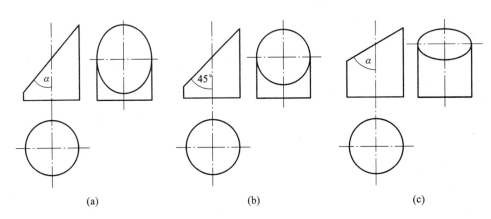

图 4-26　截平面倾斜角度对截交线投影的影响

(a)α<45°;(b)α=45°;(c)α>45°

2.平面与圆锥体相交

根据截平面与圆锥的相对位置不同,截交线分为五种情况,见表 4-4。

表 4-4 平面截切圆锥的截交线

位置与形状	垂直于轴线	倾斜于轴线	平行于轴线	平行于一条素线	过锥顶
	圆	椭圆	双曲线和直线段	抛物线和直线段	两相交直线
立体图					
投影图					

【例 4-8】 已知被正垂面截切掉左上方一块的圆,根据图 4-27 中已经完成的水平投影画出侧面投影。

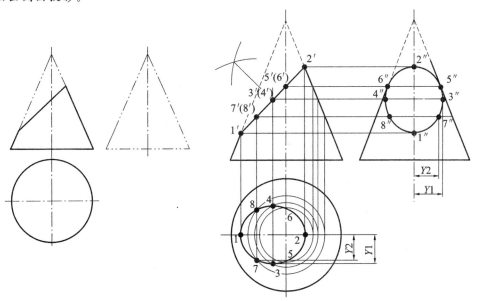

图 4-27 圆锥体截切

(a)已知条件;(b)作图求解

【解】 正垂截平面与圆锥的轴线倾斜,且截平面与圆锥轴线的夹角大于圆锥的锥顶半角,所以截交线是一个椭圆。且截交线椭圆的正面投影重合在正垂截平面的积聚性投影直线上,即截交线的正面投影已知,截交线的水平投影和侧面投影均为椭圆,但不反映

83

实形。可应用在圆锥表面上取点的方法,求出椭圆上各点的水平投影和侧面投影,然后将它们依次光滑连接,如图 4-27 所示。作图步骤如下。

① 求特殊点。由正面投影可知,$1'$、$2'$ 分别是截交线上的最低(最左)、最高(最右)点 Ⅰ、Ⅱ 的正面投影,它们也是圆锥面最左、最右素线上的点,也是空间椭圆的长轴端点;取 $1'2'$ 的中点,即得空间椭圆短轴两端点 Ⅲ、Ⅳ 的重合的正面投影 $3'(4')$;$5'(6')$ 则是截交线上在圆锥最前、最后素线上的点 Ⅴ、Ⅵ 的正面投影。根据圆锥面上取点的方法,可分别求出这六个特殊点的水平投影和侧面投影。

② 求一般点。为了准确地画出截交线的投影,可求作一般点 Ⅶ、Ⅷ,它们的正面投影重合,再根据辅助纬圆法求出它们的水平投影和侧面投影。

③ 判别可见性并连线。圆锥的上面部分被截切掉,截平面左低右高,截交线的水平投影和侧面投影均可见,用粗实线依次光滑连接各点的同面投影即可。

④ 分析圆锥的外形轮廓线。圆锥最前、最后两根素线的上部均被截切掉了,其侧面投影应画到截切点 $5''$、$6''$ 为止。圆锥的底面圆没有被截切,其侧面投影是完整的,用粗实线画出。

【例 4-9】 求铅垂面 P_H 与圆锥的截交线。

【解】 P_H 面垂直于圆锥轴线,截交线为双曲线,它的水平投影积聚成一直线,而其正面投影和侧面投影为双曲线的类似形。另外,根据圆锥的投影特性可知,截交线(位于前半圆锥)的正面投影全部可见;截平面 P_H 与最前素线的交点 D 为截交线侧面投影可见性的分界点,位于右半圆锥面上的截交线截切前为不可见,如图 4-28 所示。作图步骤如下。

① 求特殊点,即截平面 P_H 与底平面、圆锥的最前轮廓素线的交点 A、F、D 和最高点 C,其中最高点 C 的求法是:过圆心作圆与截平面 P_H 面相切,切点即为最高点 C 的水平投影 c,据 c 求出 c'、c''。

② 采用纬圆法求一般点 B、E。

③ 将所求各点依次用光滑的线连接起来,并判别其可见性。

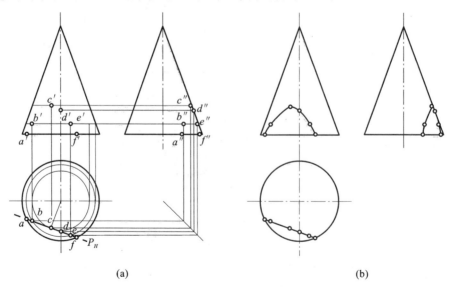

图 4-28 圆锥体截切
(a)求点;(b)依次光滑连接

3. 平面与球体相交

无论截平面处于何种位置，它与球体的截交线总是圆。截交线的投影并不一定是圆形，投影跟截平面与投影面的相对位置有关，有可能是圆、椭圆或直线，见表4-5。

表 4-5   圆球被几种平面截切的投影

截平面位置	平行于投影面	垂直于投影面	一般位置
截交线形状	圆		椭圆
立体图			
投影图			

【例 4-10】 如图 4-29 所示，圆球被正垂面所截，已知其主视图，画出俯视图和左视图。

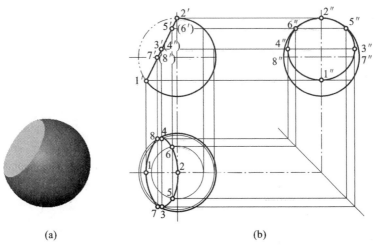

(a)   (b)

图 4-29   球体被截切

(a)立体图；(b)作图求截交线

【解】 根据截平面对投影面的相对位置可知,其截交线为圆。正垂面截切圆球,其 V 面投影积聚为一直线,截交线的 H、W 面投影是椭圆,如图 4-29 所示。作图步骤如下。

①求出特殊点。由图 4-29 可知,1、2 是球面相对于 V 面转向轮廓线上的点,也是截交线上的最高、最低点。它们还是截交线圆在 H、W 面投影的椭圆短轴。可直接由 V 面投影 $1'$、$2'$,求得 1、2 及 $1''$、$2''$。椭圆的长轴,垂直平分 1、2。由 1、2 的 V 面投影作垂直平分线求得 $3'$、$4'$。过 $3'$、$4'$ 取水平面作为辅助平面,求出 3、4 的 H、W 面投影。

②采用纬圆法求出一般点。取一系列的水平面作为辅助平面,求取一般点。

③判断可见性。连线画出截交线的投影。加深各转向轮廓线,得到相应的点。

5 轴 测 图

5.1 轴测图的基本知识

5.1.1 轴测图的用途

　　轴测投影图简称轴测图,是单一投影面的投影图,能同时反映出物体长、宽、高三个方向的形状,立体感较强,能够直观地展现形体。通常在生产中用作辅助图样,随着计算机的发展,轴测图的应用也越来越广泛。

5.1.2 轴测图的形成及投影特性

　　1.轴测图的形成
　　采用平行投影法把物体连同确定其空间位置的直角坐标系一起,沿着不平行于三条坐标轴和三个坐标平面的方向,投影到某一个投影面上所得到的投影图,如图5-1所示。

　　2.有关轴测投影的基本概念
　　(1)投影面 P 称为轴测投影面;
　　(2)空间直角坐标系的三条坐标轴 OX、OY、OZ 的轴测投影 O_1X_1、O_1Y_1、O_1Z_1 称为轴测轴;
　　(3)轴测轴之间的夹角,即 $\angle X_1O_1Z_1$、$\angle X_1O_1Y_1$、$\angle Y_1O_1Z_1$ 称为轴间角;
　　(4)直角坐标轴的轴测投影的单位长度与相应直角坐标轴上的单位长度的比值称为轴向变形系数,用 p_1、q_1、r_1 分别表示 X、Y、Z 轴的轴向变形系数;
　　(5)形体上与某一直角坐标轴互相平行的线段称为轴向线段。

　　3.投影特性
　　轴测图是用平行投影法得到的,具有以下投影特性。

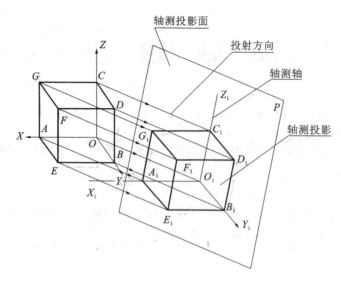

图 5-1 轴测图的形成

（1）平行性。

①空间相互平行的直线，它们的轴测投影仍相互平行。如图中 $BE /\!/ DF /\!/ OX$，则 $B_1E_1 /\!/ D_1F_1 /\!/ O_1X_1$。

②空间凡与直角坐标轴平行的直线段（即轴向线段），其轴测投影必平行于相应的轴测轴，且其伸缩系数与相应轴测轴的轴向伸缩系数相同。因此，画轴测投影时，必沿轴测轴或平行于轴测轴的方向才可以度量。轴测投影因此而得名。

（2）定比性。

物体上平行于坐标轴的线段的轴测投影与原线段之比，等于相应的轴向变形系数。图中 $B_1E_1/BE = D_1F_1/DF = p_1$。

（3）实形性。

形体上平行于轴测投影面的平面在轴测图中反映实形。

5.1.3　轴测图的分类

1.按投影方向的不同分类

根据投射方向和轴测投影面的相对关系，轴测图分为正轴测投影图和斜轴测投影图两大类。

（1）当投影方向垂直于轴测投影面时，称为正轴测图。

（2）当投影方向倾斜于轴测投影面时，称为斜轴测图。

2.按轴向伸缩系数的不同分类

（1）等轴测投影。三个轴向伸缩系数 $p=q=r$。分为：

①正等轴测投影（正等轴测图）：三个轴向伸缩系数均相等（$p=q=r$）的正轴测投影，称为正等轴测投影（简称正等测）。

②斜等轴测投影（斜等轴测图）：三个轴向伸缩系数均相等（$p=q=r$）的斜轴测投影，

称为斜等轴测投影(简称斜等测)。

(2)二等轴测投影。任意两个轴向伸缩系数相等,如 $p＝q＝2r$ 或 $p＝r＝2q$ 或 $q＝r＝2p$。分为:

①正二等轴测投影(正二轴测图):两个轴向伸缩系数相等($p＝q≠r$ 或 $p＝r≠q$ 或 $q＝r≠p$)的正轴测投影,称为正二等轴测投影(简称正二测)。

②斜二等轴测投影(斜二轴测图):轴测投影面平行一个坐标平面,且平行于坐标平面的两根轴的轴向伸缩系数相等($p＝q≠r$ 或 $p＝r≠q$ 或 $q＝r≠p$)的斜轴测投影,称为斜二等轴测投影(简称斜二测)。

(3)三等轴测投影。三个轴间角不相等,轴向伸缩系数 $p≠q≠r$。分为:

①正三轴测投影(正三轴测图):三个轴向伸缩系数均不相等($p≠q≠r$)的正轴测投影,称为正三轴测投影(简称正三测)。

②斜三轴测投影(斜三轴测图):三个轴向伸缩系数均不等($p≠q≠r$)的斜轴测投影,称为斜三轴测投影(简称斜三测)。

3.常用的轴测图

(1)正等轴测图。三个轴向伸缩系数相等的正轴测投影图。此时,三个轴间角等于120°;三个轴向伸缩系数等于0.82,简化系数等于1。

(2)斜二轴测图。在斜轴测投影中,轴测投影面平行于一个坐标面,且该坐标面的两个轴的轴向伸缩系数相等。此时,轴间角一个等于90°,另两个均等于135°;三个轴向伸缩系数中,一个等于0.5,另两个均等于1。

常用的轴测图

按轴向变形系数的选取不同,可得到多种轴测投影图。国家标准中也推荐使用的是正等轴测图和斜二轴测图,如图5-2所示。

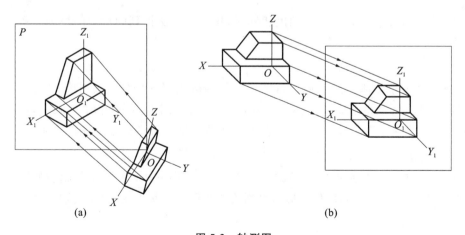

图 5-2　轴测图

(a)正等轴测图;(b)斜二轴测图

5.1.4　轴测图绘制的基本要求

(1)轴向伸缩系数应采用简单的数值,如正等轴测时取 $p:q:r=1:1:1$,对于斜二轴测图取 $p:q:r=1:0.5:1$。

(2)轴测图中的三根轴测轴应配置成便于作图的特殊位置(图 5-3)。

(3)使用粗实线绘制物体的可见轮廓。必要时,可用虚线画出物体的不可见轮廓。

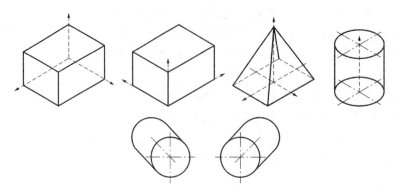

图 5-3　轴测图中轴测轴的配置

5.2　正等轴测图的画法

5.2.1　正等轴测图的形成、轴间角和轴向伸缩系数

1.形成

当三根坐标轴与轴测投影面倾斜的角度相同时,用正投影法得到的投影图称为正等轴测图,简称正等测。

2.轴间角

正等轴测投影,由于物体上的三根直角坐标轴与轴测投影面的倾角均相等,因此,与之相对应的轴测轴之间的轴间角也必须相等,正等轴测图的轴间角均为 120°,即 $\angle X_1 O_1 Y_1 = \angle X_1 O_1 Z_1 = \angle Y_1 O_1 Z_1 = 120°$。正等轴测图中轴测轴的画法如图 5-4 所示。

3.轴向变形系数

根据计算,正等轴测图的轴向变形系数为 0.82。为了作图方便,通常采用简化画法,即取轴向变形系数为 1,用此轴向简化变形系数画出的图形其形状不变,但比实物放大了约 1.22 倍。

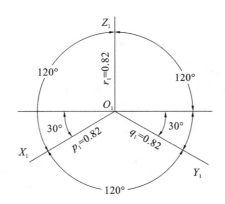

图 5-4 正等轴测图的轴测轴

5.2.2 平面立体正等轴测图的画法

1. 坐标法

画平面立体正等轴测图时,先根据物体的特点,在三视图中确定合适的坐标原点和坐标轴,然后按照物体上各顶点的坐标关系画出它们的轴测投影,连接各顶点,形成平面立体的轴测图的方法,称为坐标法。

【**例 5-1**】 根据六棱柱的主视图、俯视图,用坐标法画出它的正等轴测图。

【**解**】 作图步骤如下。

①在六棱柱的主视图中选择顶面中心 O 为坐标原点,建立图 5-5(a)所示的坐标轴方向。

②画轴测轴,在轴测轴上定出 Ⅰ、Ⅱ 两点,即截取 $O\mathrm{I}=O\mathrm{II}=S/2$,同理,按照点的轴测投影方法,定出点 Ⅲ、Ⅳ,即截取 $O\mathrm{III}=O\mathrm{IV}=D/2$,得到两个顶点,如图 5-5(b)中所示。

③过 Ⅰ、Ⅱ 作直线平行于 OX,并在 Ⅰ、Ⅱ 的两边 $a/2$ 各取一点,得到其余四个顶点。连接各顶点,如图 5-5(c)所示。

④根据 H,过顶面上六个点沿 Z 轴负方向向下画棱线,长度为 H,连接底面各点可得到底面的正等轴测图。擦去作图辅助线,加深所需可见图线,即可得到完整的正六棱柱的正等轴测图,如图 5-5(d)所示。

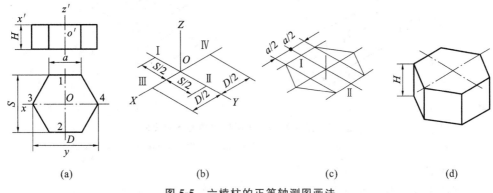

| (a) | (b) | (c) | (d) |

图 5-5 六棱柱的正等轴测图画法

2.切割法

对切割式的组合体,可先画出完整的基本形体,然后用切割的方法画出不完整的部分,这种绘制轴测图的方法称为切割法。

【例5-2】 画出图5-6(a)所示形体的正等轴测图。

【解】 作图步骤如图5-6(b)~(d)所示。

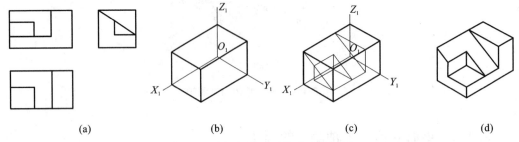

(a)   (b)   (c)   (d)

图5-6 用切割法画形体的正等测图

(a)已知条件;(b)画轴测轴和长方体的轴测图;(c)画切割形体的轴测图;(d)连接各点,加深图线

3.端面延伸法(特征面法)

适合用于画柱类形体的轴测图。首先确定形体的特征面,画出其轴测图,再由特征面各顶点画出可见棱线,最后画出另一底面的可见轮廓。

【例5-3】 画出图5-7(a)所示的棱柱体正等轴测图。

【解】 作图步骤如图5-7(b)~(d)所示。

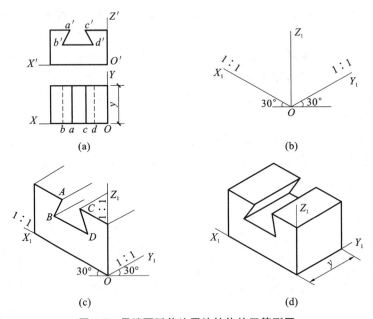

(a)   (b)

(c)   (d)

图5-7 用端面延伸法画棱柱体的正等测图

(a)已知条件和标注坐标;(b)画轴测轴;(c)画棱柱端面及棱线的轴测图;(d)连接各点,加深图线

4.叠加法

当形体由几部分叠加而成时,逐部分画出其轴测图并组合成整体。

【例 5-4】　画出图 5-8(a)所示形体的正等轴测图。

【解】　作图步骤如图 5-8(b)~(e)所示。

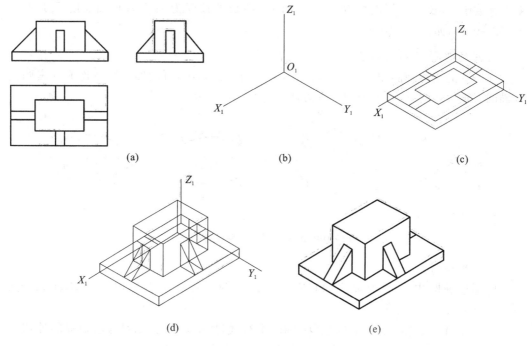

图 5-8　用叠加法画形体的正等测图

(a)已知条件；(b)画正等轴测轴；(c)画底板；(d)叠加画长方体和三棱柱体；(e)加深、加粗图线

5.2.3　回转体正等轴测图的画法

回转体的轴测图主要涉及圆和圆角的轴测图的画法，正等轴测图各坐标对轴测投影面都是倾斜的，所以平行于坐标平面的圆的正等轴测图都是椭圆，椭圆大小相等，而方向不同。正方体三个面上的内切圆的正等轴测图如图 5-9(a)所示。

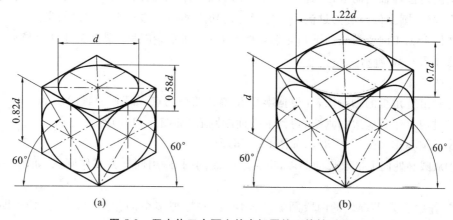

图 5-9　正方体三个面上的内切圆的正等轴测图

(a)轴向变形系数下正等轴测图；(b)轴向简化变形系数下正等轴测图

长短轴方向：坐标面上圆的正轴测投影的长轴方向垂直于该轴测轴，短轴方向与该轴测轴平行；如采用轴向变形系数，则椭圆的长轴为圆的直径 d，短轴为 $0.58d$。如按简化变形系数作图，长短轴长度均放大了 1.22 倍，即长轴长度为 $1.22d$；短轴长度为 $1.22 \times 0.58d = 0.7d$，如图 5-9(b) 所示。

1. 圆的正等轴测图画法

在画圆的正等轴测图时，为作图简便，常采用近似画法，可用四段圆弧连成的扁圆代替椭圆。现以水平圆为例，说明作图方法，如图 5-10 所示。

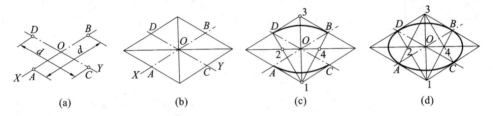

图 5-10 正等轴测近似椭圆的画法

作图步骤如下。

①通过椭圆中心 O 画轴测轴 OX、OY，根据圆直径在轴上量取点 A、B、C、D，如图 5-10(a) 所示。

②过点 A、B、C、D 分别作 OX、OY 轴的平行线，所形成的菱形即为已知圆的外切正方形的轴测投影，该菱形的对角线即为椭圆长短轴的位置。

③分别以 1、3 点为圆心，以 $1D$ 为半径画两个大圆弧，连接 $1D$、$1B$ 与长轴相交于 2、4 两点，即为小圆弧的圆心。

④以 2、4 为圆心，$2D$ 为半径画两个小圆弧与大圆弧相接，即得近似椭圆，如图 5-10(d) 所示。

2. 圆角的正等轴测图的画法

由椭圆近似画法可以看出，菱形相邻两边中垂线的交点就是 1/4 圆弧的圆心。由此可得出圆角正等轴测的近似画法。1/4 圆角的轴测图是椭圆的一部分，画图时可用圆弧代替椭圆弧，圆弧的圆心为过椭圆与矩形边的切点和矩形边垂直的线段的交点。

物体上 1/4 圆弧组成的圆角轮廓如图 5-11(a) 所示，在轴测图上为 1/4 椭圆弧，其简便画法如图 5-11 所示。

作图步骤如下。

①画出直角板的轴测图，并根据半径 R 得到四个切点，如图 5-11(b) 所示。

②过切点作相应边的垂线，得到上表面的圆心，如图 5-11(c) 所示。

③过圆心作圆弧切于切点，如图 5-11(d) 所示。

④从圆心处向下量取板的厚度，得到下底面的圆心，用同样方式作圆弧，如图 5-11(e) 所示。

⑤ 作中心为 M、M_1 的两段圆弧的公切线，并擦掉多余的作图线，然后加深，即得到所求图形，如图 5-11(f) 所示。

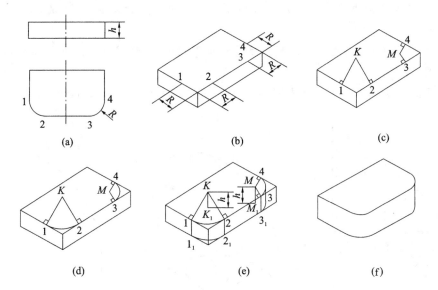

图 5-11　圆角轮廓画法

【**例 5-5**】　求图 5-12 中所示竖放圆台的正等轴测图。

【**解**】　作图步骤如下：

① 在投影图上建立坐标系（原点 O 在底圆心上），如图 5-12(a)所示。

② 绘出底圆的正等轴测图，向上移动 H 画顶圆的正等测图，如图 5-12(b)所示。

③ 作两椭圆的公切线，只加粗在公切线以外的部分椭圆，其余部分应擦去，加粗后即可完成圆台的正等轴测图。

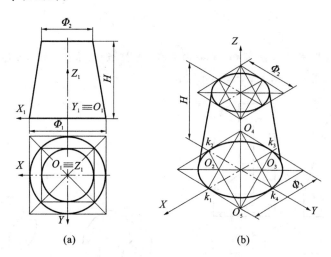

图 5-12　竖放圆台的正等轴测图

【**例 5-6**】　求图中所示竖放正切圆柱的正等轴测图。

【**解**】　作图步骤如下：

①在投影图上建立坐标系（原点 O 在底圆心上），如图 5-13(a)所示。

②画出坐标系和底圆的正等轴测图，如图 5-13(b)所示。

③在 H 面投影中将圆周分成 16 等份并得出在正方形上相应的点,再求出正等测图上相应的点并等分底圆。

④把投影图上过这些点的素线长度量到正等测图上,连接这些点即为圆柱切口的正等轴测图(椭圆)。

⑤画出外形线,擦去多余的图线,加粗后即为正切圆柱的正等轴测图,如图 5-13(c)所示。

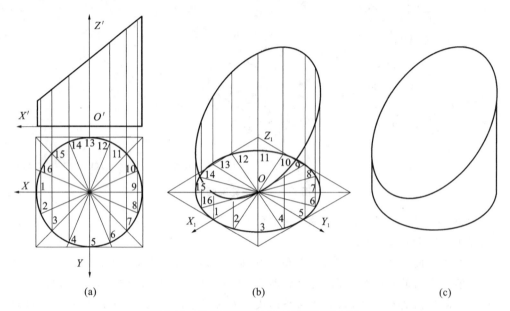

(a)   (b)   (c)

图 5-13　竖放正切圆柱的正等轴测图画法

【例 5-7】　根据轴承架的三视图,作出其正等轴测图,如图 5-14 所示。

【解】　作图步骤如下。

①形体分析:根据三视图可知,支架由底板、支撑板、圆筒及肋板四部分组成,其中底板上还存在圆角、圆孔等结构,如图 5-15 所示。

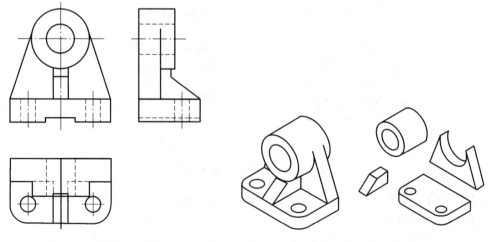

图 5-14　轴承架三视图   图 5-15　立体图及立体分解图

②作出轴测轴 O_1X_1、O_1Y_1、O_1Z_1，沿三个轴向方向量取底板三个方向尺寸，作出底板，并在底板左前、右前侧作出圆角，如图 5-16(a)所示。

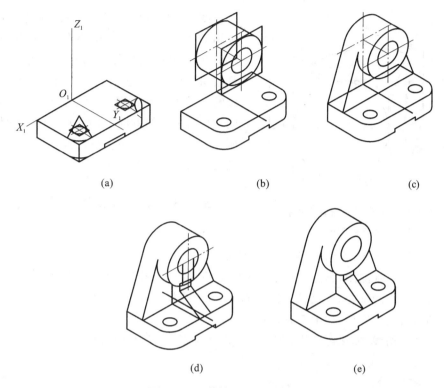

(a)   (b)   (c)

(d)   (e)

图 5-16 正等轴测图作图步骤

③沿 O_1Z_1 确定圆筒的轴线，并作出圆筒，如图 5-16(b)所示。

④沿 O_1Y_1 确定支撑板厚度，并作出支撑板，如图 5-16(c)所示。

⑤沿 O_1X_1 确定肋板厚度，并作出肋板，如图 5-16(d)所示。

⑥擦去多余的作图线，描粗加深，即得轴承架的正等轴测图，如图 5-16(e)所示。

5.3 斜二等轴测图

5.3.1 轴间角和轴向伸缩系数

斜二等轴测图是由斜投影方式获得的，当选定的轴测投影面平行于 V 面，投射方向倾斜于轴测投影面，并使 OX 轴与 OY 轴夹角为 $135°$，沿 OY 轴的轴向变形系数为 0.5 时，所得的轴测图就是斜二等轴测图。

斜二等测图的轴间角和轴测轴设置，如图 5-17 所示。其中 $\angle X_1O_1Z_1=90°$、$\angle X_1O_1Y_1=135°$、$\angle Z_1O_1Y_1=135°$，轴向伸缩系数 $p_1=r_1=1$、$q_1=0.5$。

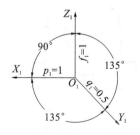

图 5-17 斜二等轴测图的轴测轴

5.3.2 平行于各坐标面的圆的斜二等轴测图

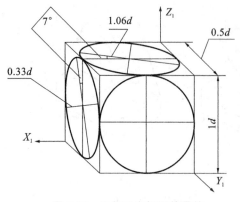

图 5-18 平行于坐标面的圆的
斜二等轴测图圆的画法

图 5-18 所示为平行于坐标面的圆的斜二等轴测图。由图可知其特点:平行于坐标面 $X_1O_1Z_1$ 的圆的斜二等轴测图反映实形,仍为直径相同的圆;平行于坐标面 $X_1O_1Y_1$、$Y_1O_1Z_1$ 的圆的斜二等轴测图是椭圆,两个椭圆的形状相同,但长、短轴的方向不同。它们的长轴都和圆所在坐标面内某一坐标轴所成角度约为 7°。长轴长度为 1.06d,短轴为 0.33d。

5.3.3 斜二等轴测图的画法

作图步骤如下。

①作空间坐标系,如图 5-19(a)、(b)所示。

②作斜二等轴测图,画出前端的反映实形的图形,如图 5-19(c)中所示。

③作后端面的轴心 M,其位置满足 $O_1M = w/2$,如图 5-19(d)中所示。

④画出后端面实形,如图 5-19(e)中所示。

⑤连接公切线,加深可见线,去除不可见线,如图 5-19(f)中所示。

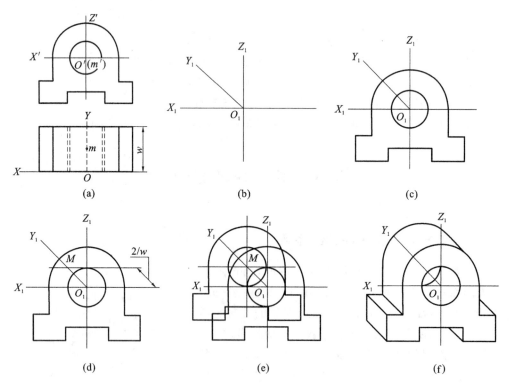

图 5-19 斜二等轴测图作图步骤

5.4 轴测投影图的选择

5.4.1 选择轴测图应遵循的原则

在工程制图中选用轴测图的目的是直观形象地表示物体的形状和构造。但轴测图在形成过程中,由于轴测轴及投影方向的不同,轴间角和轴向变形系数存在差异,产生了多种不同的轴测图。通过前面对各种轴测投影知识的论述,已经了解到选择不同的轴测图形式,产生的立体效果不同。因此,在选择轴测投影图的形式时,首先应遵循以下两个原则:

(1)选择的轴测图应能最充分地表现形体的线与面,立体感鲜明、强烈。

(2)选择的轴测图的作图方法应简便。

5.4.2 轴测投影图的选择方法

由于每种形式的轴测图轴测投影方向的不同,可以产生四种不同的视觉效果,每种形式重点表达的外形特征不同,产生的立体效果也不一样。因此在表示顶面简单而底面复杂的形体时,常采用仰视轴测图;而表示顶面较复杂的形体时,常选用俯视轴测图。例如,基础或台阶类轴测图,宜采用俯视轴测图;而对于房间顶棚或柱头处轴测图,则宜采用仰视轴测图。

总之,在实际工程制图中,应因地制宜,根据所要表达的内容选择适宜的轴测投影图,具体考虑以下几点。

(1)形体三个方向及表面交接较复杂时(尤其是顶面),宜选用正等测图。但遇形体的棱面及棱线与轴测投影面成 45°方向时,则不宜选用正等轴测图,而应选用正二轴测图。

(2)正二轴测图立体感强,但作图较烦琐,故常用于画平面立体。

(3)斜二轴测图能反映一个方向平面的实形,且作图方便,故适合于画单向有圆或端面特征较复杂的形体。水平斜二测图常用于建筑制图中绘制建筑单体或小区规划的鸟瞰图等。

6 组合体的视图

　　工程中的各种物体,一般都可以看作是由基本形体经过叠加、切割等方式而形成的组合体。为了正确地表达它们,本章着重介绍组合体的形成规律、尺寸标注及构成,以及如何正确地绘制和读懂它们的图样等问题。

6.1　组合体形体分析

6.1.1　组合体类型

组合体的
组合形式

　　组合体是由基本几何体按照一定方式组成的立体。按照组合方式的不同,组合体可以分为叠加式组合体、切割式组合体、复合式组合体。

　　1.叠加式组合体
　　叠加式组合体由两个或两个以上的基本形体叠加而成。根据构成组合体的各形体邻接表面之间过渡关系的不同其又可分为堆积、相切、相交三种情况。
　　(1)堆积。堆积是指两个邻接形体的表面重合,应当注意的是,当两个形体堆积在一起之后,如果某个方向的表面平齐,则两表面之间无分界线,如图6-1(a)所示;如果某个方向的表面不平齐,则两个表面之间应有轮廓分界线,如图6-2(b)所示。

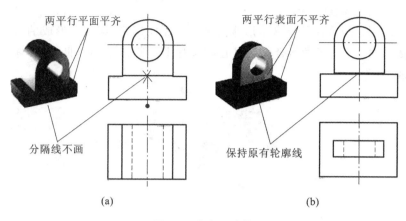

（a）　　　　　　　　　　　　（b）

图 6-1　堆积组合体

组合体形成
演示视频

（2）相切。相切是指两个邻接形体的表面光滑过渡，此时切线的投影在三个视图中均不画出，如图 6-2 所示。

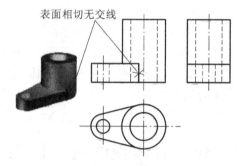

图 6-2　相切组合体

支板与圆柱叠加，邻接表面相切，相切处一般不画交线。

（3）相交。相交是指两个邻接形体表面相交，邻接表面之间一定产生交线，包括截交线、相贯线，如图 6-3 所示。

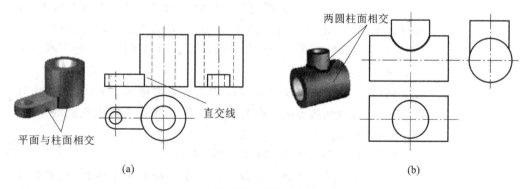

（a）　　　　　　　　　　　　　　　（b）

图 6-3　相交组合体

支板与圆柱叠加时，邻接表面相交，相交处有交线；两圆柱叠加相贯时，相贯处有交线。

2.切割式组合体

切割式组合体是指基本形体被平面或曲面切割、穿孔后形成的组合体。图 6-4 所示的组合体就是在四棱柱上切割掉 Ⅰ、Ⅱ、Ⅲ、Ⅳ 形体而成的。

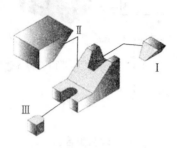

图 6-4　组合体的形体分析

6.1.2　组合体的形体分析法

为了便于画图,将组合体(机件)分解为若干基本体,并确定各形体间的相对位置、组合体形式和表面连接关系,便可产生对整个组合体的完整概念,这种方法称为形体分析法。形体分析法是组合体画图、读图、尺寸标注的最基本方法。

组合体视图
作图

6.2　画组合体视图的方法和步骤

画组合体视图时,首先要进行形体分析,将其分解成若干基本形体,并确定各形体的组合形式和相对位置。在此基础上选择适当的视图,主要是主视图的选择。确定主视图时,要解决组合体从哪个方向投射和怎么放置问题。选择能反映组合体的形体特征及相互位置,并能减少俯视图、左视图上虚线的那个方向,作为投射方向;选择组合体的自然安放位置,或使组合体的表面对投影面尽可能多地处于平行或垂直位置,作为安放位置。

画图时,先画出由尺寸直接确定的主要形体和位置,然后画出其他形体,同时判断各形体表面间的连接关系,正确地画出它们的投影,最后检查、描深。下面举例说明。

【例 6-1】　画出图 6-5 所示组合体视图。

(1)形体分析与主视图选择。此组合体由形体Ⅰ四棱柱、形体Ⅱ四棱柱和形体Ⅲ半圆柱叠加而成。其中,形体Ⅰ上切去两个三棱柱角,中间对称开槽切割成四棱柱加半圆柱的槽。形体Ⅱ和形体Ⅲ叠加在对称处并挖去一圆柱。形体Ⅱ和形体Ⅲ表面过渡关系为相切。

（2）左视图的选择。根据安放位置原则，此组合体应按图中所示安放。形体Ⅰ、Ⅱ、Ⅲ叠加成L形，这是组合体的主要形体特征，俯视图可以反映出底板上切去的两个角和开槽的实形，左视图反映出形体Ⅱ、Ⅲ和圆孔的实形，整个组合体表达清楚、完整。

（3）选择比例，定图幅。画图时，应尽量选择1：1的比例。这样既便于估量组合体的大小，又便于画图。根据组合体的大小选用合适的标准图幅。所选图幅要得当，视图布置要均匀，并在视图之间留出足够的距离，以备标注尺寸。

（4）布图、画基准线。先固定图纸，然后根据视图的大小和位置，画出作图基准线，合理确定各视图的布局，最后画底线、中心线和对称线。

（5）画形体Ⅰ、Ⅱ、Ⅲ。

（6）画形体Ⅰ上细部结构。画形体Ⅰ上切去的槽和三棱柱时，应先画反映视图的俯视图，然后完成主视图和左视图。

（7）画形体Ⅱ、Ⅲ。形体Ⅱ与形体Ⅲ的表面相切过渡，应先画反映实形的左视图，然后完成主视图和俯视图。最后画出在形体Ⅱ和形体Ⅲ叠加对称处挖去的圆柱。

（8）检查、描深。按形体逐个仔细检查，对形体表面的垂直面、一般位置面、形体邻接表面处于相切、共面等的面，利用投影规律重点校核，纠正错误和补充遗漏。最后，按标准图线描深，可见部分用粗实线画出，不可见部分用虚线画出。

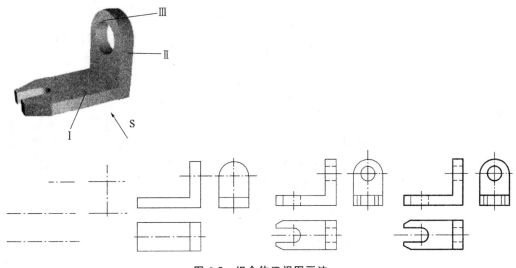

图6-5　组合体三视图画法

6.3　组合体视图的阅读

根据形体的视图想象出它的空间形状，称为读图（或称看图）。组合体的读图和画图一样，仍然是采用形体分析法，有时也采用线面分析法。要正确、迅速地读懂组合体视图，必须掌握读图的基本方法，通过不断实践，提升空间想象能力。

组合体投影图
的空间形状

6.3.1　读图的基本知识

1.熟悉基本形体的投影特征

由于组合体可以看作是由基本形体叠加、切割而成,为了读懂图样,应熟悉常见基本形体的投影,如棱柱、棱锥、圆锥、球等,能根据视图准确地判断出它们的空间形状及相对投影体系的位置。

2.几个视图联系起来读

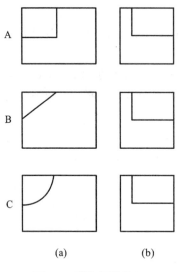

图 6-6　形体投影特征一

(a)俯视图;(b)左视图

一个视图通常不能确定组合体的形状和各表面相对位置,有时两个视图也不能确定组合体的形状,应该将多个视图联系起来看。

如图 6-6 所示,由于俯视图不同,得出 A、B、C 三种情况。

俯视图 A 图,表示长方体切去一块小方块。俯视图 B 图,表示长方体切去一块三棱柱。俯视图 C 图,表示长方体切去一块 1/4 圆柱。

3.从特征视图想象物体形状

(1)从反映形体特征的视图入手,想象组合体形状。

由于基本形体组合方式不同,一般情况下反映各形体特征的线框分散于各个视图。看图时,首先要从各个视图中找出能够反映各形体特征的线框,并以此来想象各部分的形状。如图 6-7 所示,形体中从俯视图看出组成形体的基本形体是不同的。

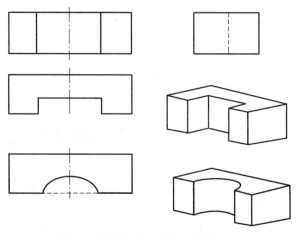

图 6-7　从特征视图想象组合体形状

（2）从反映形体位置特征视图入手，想象各形体的相对位置。

组成组合体各部分的相对位置有上下、左右、前后六个方向。其中主视图、左视图可以反映上下关系，主视图、俯视图可以反映左右关系，左视图、俯视图可以反映前后关系。确定位置时，首先要找到位置特征视图，并以此想象各部分相对位置。如图 6-8 所示，主视图中清楚地表示了形体上下、左右位置关系，而前后位置关系需要结构俯视图和左视图确定。但由于俯视图投影重合而无法判断，必须依靠左视图确定前后位置关系，左视图是反映各形体相对位置最明显的视图，即位置视图。

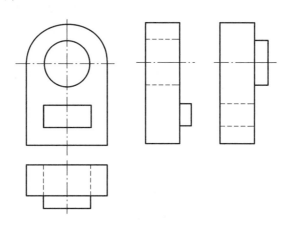

图 6-8　从位置特征视图想象各形体相对位置

（3）依据视图中线段、线框的可见性，判断结构投影重合的形体位置。

（4）当视图中有两个或两个线框不能借助"三等"关系和"方位"关系在其他视图中找到确切对应关系时，可根据左视图中线段、线框的可见性判断各自对应关系，从而想象出其相对位置。如根据三视图，可以判断出在该组合体前、后壁上分别开有圆孔和方孔。由于主视图中两线框均可见的特点可知，只有方孔在前、圆孔在后，主视图中其投影才可见，从而可以得出物体立体图形。

6.3.2　形体分析法

形体分析法看图，主要用于看叠加式组合体的视图。通过画组合体的视图可知，在物体的三视图中，凡有投影联系的三个封闭线框，一般表示构成组合体某一简单部分的三个投影。因此，看图时一般是从反映组合体形状特征的主视图入手，对照其他视图，初步分析该形体是由哪些基本体和通过什么组合方式形成的。再将特征视图（一般为主视图）划分成若干封闭线框，因为视图上的封闭线框表示某一基本形体的轮廓投影。然后根据投影的"三等"对应关系逐个找出这些封闭线框对应的其他投影，想象出各基本形体的形状。最后按各基本形体之间的相对位置，综合想象出组合体的整体形状。具体步骤如下。

（1）抓特征，分线框。

抓特征就是以特征视图为主，在较短的时间内，对物体的形状有大致的了解。然后将视图分为几个线框，根据叠加式组合体的视图特点，每个线框代表了一个形体的某个方向的投影。

(2)对投影,识形体。

根据主视图中的线框及其与其他视图投影的三等对应关系,对对应的线框进行形体分析,分别想象出它们的形状。在视图中明显表示出彼此的位置关系。

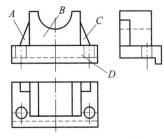

图6-9　形体分析法读组合体实例

(3)看细节,综合想象整体形状

综合主体和细节,即可确切地想象出支架的整体形状。如图6-9所示,根据主视图可以将形体想象成由A、B、C、D四个基本体组成,其中B所表示的基本形体为长方体切去一个半圆柱凹槽;而A和C所表示的肋板结构为三棱柱;只有D所表示的基本形体的特征信息在左视图中,同时结合底板中的两个孔更便于构思出D的形状,最终综合获得形体的形状。

在学习用形体分析法读图时,通常是在给出两个视图,想象该形体空间形状的基础上,补画第三视图,这是提高读图能力的一种重要学习手段。

6.3.3　线面分析法

在读图时,对于较复杂的组合体,尤其是当形体被切割、形状不规则或投影相重合时,需要借助线面分析法来想象这些局部形状,它是形体分析法读图的补充方法,主要是通过对各种线面含义的分析来想象组合体的空间形状。

从线和面的角度去分析物体的形成及构成形体各部分的形状与相对位置的方法,称为线面分析法。看图时,应用线、面的正投影特性,线、面的空间位置关系,视图之间相联系的图线、线框的含义,进而确定由它们所描述的空间物体的表面形状及相对位置,想象出物体的形状。

6.4　组合体视图尺寸注法

组合体的视图只能表示其形状,要想表示其大小,还应标注出尺寸。在图样上标注尺寸是表达物体的重要手段。真正掌握好组合体三视图上标注尺寸的方法,可为今后在图上标注尺寸打下良好的基础。

6.4.1　标注尺寸的基本要求

(1)符合国家标准的规定,即严格遵守国家标准所规定的尺寸标注规则。

(2)尺寸齐全,即所标注的尺寸完整不遗漏、不多余、不重复。

(3)尺寸布置清晰,即把尺寸标注在图中合适的地方,以便于看图。

总之,组合体的三视图上标注尺寸应该体现正确、齐全、清晰、完整。

6.4.2　尺寸分类和尺寸基准

1.尺寸分类

尺寸分为定形尺寸、定位尺寸和总体尺寸。

（1）定形尺寸:确定组合体中各组成部分的形体大小的尺寸。

（2）定位尺寸:确定组合体中各组成部分形体之间相对位置的尺寸。

定位尺寸是确定相对位置的,因此在标注定位尺寸时,必须在长、宽、高三个方向分别选出尺寸基准。每个方向都应有一个尺寸基准,以便确定各基本形体在各方向的相对位置。尺寸度量的起点称为尺寸基准。尺寸基准的确定既与组合体的形状有关,又与其作用、工作位置以及加工制造有关,通常选择组合体的底面、较大端面、对称平面以及主要回转体的轴线等作为尺寸基准。

（3）总体尺寸:在组合体中除以上两类尺寸外,通常还需要标注出组合体的总体尺寸,如总长、总高、总宽尺寸。

2.尺寸基准

每一个尺寸都有起点和终点,标注尺寸的起点就是尺寸基准。在组合体三视图中,常沿 X、Y、Z 轴方向,每个方向至少有一个尺寸基准。一般采用对称中心线、轴线和重要的平面及端面作为尺寸基准。

3.一些常见形体的定位尺寸

常见形体的定位尺寸见图 6-10。

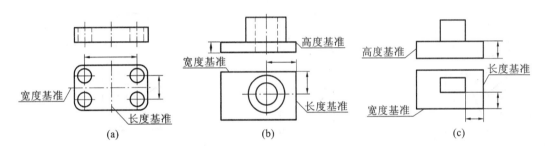

图 6-10　常见形体的定位尺寸

(a)一组孔的定位尺寸;(b)圆柱体的定位尺寸;(c)立方体的定位尺寸

6.4.3　标注尺寸应注意的问题

对组合体进行尺寸标注时,尺寸布置应该整齐、清晰,便于阅读。具体需注意以下几点。

（1）定形尺寸尽量标注在反映该形体特征的视图上。

（2）同一形体的定形尺寸和定位尺寸应尽可能地标注在同一视图上。

（3）尺寸排列要整齐,平行的几个尺寸应按"大尺寸在外,小尺寸在内"的规律排列,以避免尺寸线与尺寸界线交叉。

（4）内形尺寸和外形尺寸应分别标注在视图的两侧,以避免混合标注在视图的同一侧。

（5）同轴回转体的直径,最好标注在非圆的视图上。既避免在有较多的同心圆出现的视图中标注过多的直径尺寸,也避免用回转体的界限素线作为尺寸基准。

（6）一般应尽量将尺寸标注在视图外面,且布置在两视图之间。一般不在虚线轮廓线上标注尺寸。

（7）不应在交线上标注尺寸，因为交线是在加工过中的自然形成的。

6.4.4 基本形体的尺寸标注

组合体是由基本形体组成，要掌握组合体的尺寸标注，必须先掌握一些基本形体的尺寸标注。

（1）基本形体的尺寸标注如图 6-11 所示。

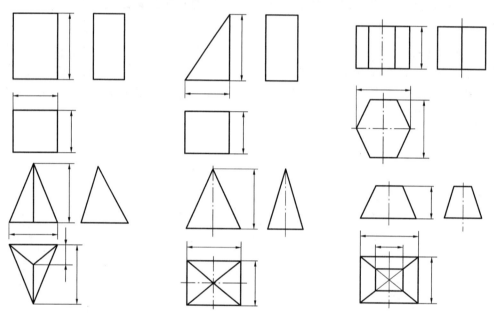

图 6-11 基本形体的尺寸标注

（2）截切立体和相贯立体的尺寸标注。

对具有斜截面和切口的立体，除了标注出立体的定形尺寸外，还应标注出截平面的位置尺寸。标注两个相贯立体的尺寸时，则应标注出两相贯立体的定形尺寸和确定两相贯立体之间相对位置的定位尺寸，如图 6-12 所示。

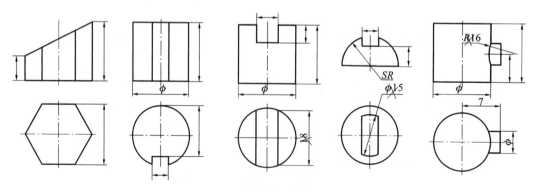

图 6-12 截切立体和相贯立体的尺寸标注

6.4.5　组合体视图尺寸标注

组合体视图尺寸标注示例,如图 6-13～图 6-18 所示。

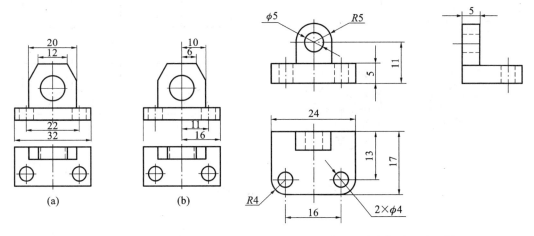

图 6-13　对称尺寸标注图例　　　　　　　图 6-14　集中标注尺寸示例

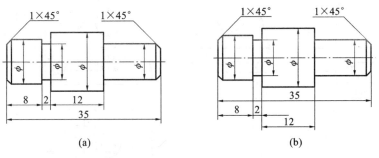

图 6-15　尺寸标注应排列整齐

(a)好;(b)不好

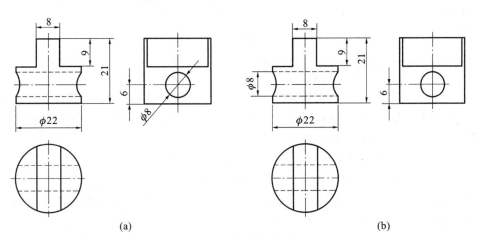

图 6-16　虚线上避免注尺寸

(a)正确;(b)$\phi 8$ 标注不妥

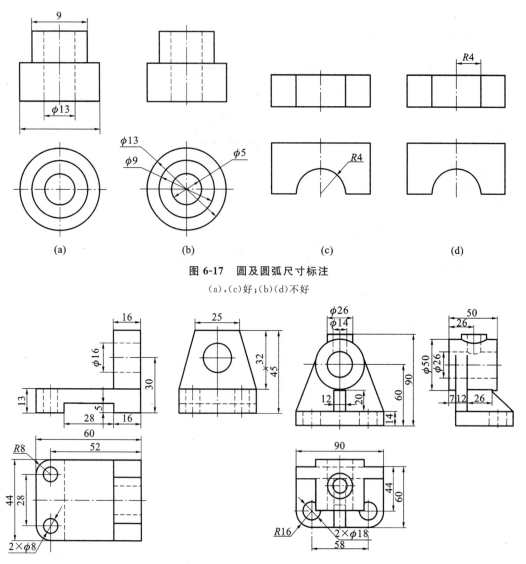

图 6-17　圆及圆弧尺寸标注

(a),(c)好;(b)(d)不好

图 6-18　组合体尺寸标注示例

6.4.6　标注组合体尺寸的步骤

标注组合体的尺寸时,首先应运用形体分析法分析形体,找出该组合体长、宽、高三个方向的主要基准,分别标注出各基本形体之间的定位尺寸和各基本形体的定形尺寸,再标注总体尺寸并进行调整,最后校对全部尺寸。

标注组合体尺寸的具体步骤如下。

(1)对组合体进行形体分析,确定尺寸基准。

(2)标注定位尺寸:从组合体长、宽、高三个方向的主要基准和辅助基准出发依次标注出各基本形体的定位尺寸。

(3)标注定形尺寸:依次标注各组成部分的定形尺寸。

(4)标注总体尺寸:为了表示组合体外形的总长、总宽和总高,应标注相应的总体尺寸。

7 图样的画法

【目的与要求】
　　理解并掌握视图、剖视图、断面图、局部放大图的画法和标注规定；了解各种表示法的应用，常用的简化画法及其应用；能比较恰当地综合应用基本表示法，表达一般工程物体；在理解和掌握各种基本表示法的同时，学生通过练习进一步提高自身的空间分析能力、空间思维能力和读绘工程物体多面正投影图的能力。
【重点与难点】
　　本章的教学重点是剖视图、断面图的画法、标注规定以及剖切方法；教学难点是剖切方法、剖视图种类、剖视图的标注间的区别及关系，各种基本表示法的应用。

7.1　视　　图

7.1.1　基本视图

1.形成

物体向基本投影面投影所得的视图，称为基本视图。这时所得到的投影为主视图、俯视图和左视图，如图 7-1 所示。

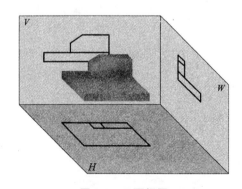

图 7-1　三面视图

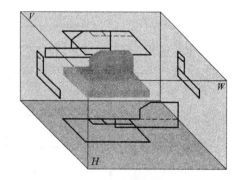

图 7-2　六面视图

当物体的外部形状比较复杂并在上下、左右、前后各个方向形状都不同时，用三个视图往往不能完整、清晰地将物体表达出来。因此《技术制图　图样画法　视图》(GB/T 17451—1998)规定，采用正六面体的三个面作为基本投影面，将物体放在其中，分别向六个投影面投影,得到六个基本视图。如图 7-2 所示。

六个基本视图的名称和投射方向,如图 7-3 所示。

①主视图:由前向后投射所得的视图。

②俯视图:由上向下投射所得的视图。

③左视图:由左向右投射所得的视图。

④右视图:由右向左投射所得的视图。

⑤仰视图:由下向上投射所得的视图。

⑥后视图:由后向前投射所得的视图。

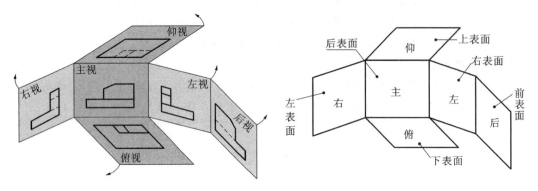

图 7-3 六面视图的展开画法

2.六面视图的投影对应关系

六个基本视图之间仍遵守"三等"规律:主、俯、仰、后长对正;主、左、右、后高平齐;俯、左、仰、右宽相等。

方位对应关系:除后视图外,靠近主视图的一边是物体的后面,远离主视图的一边是物体的前面,如图 7-4 所示。

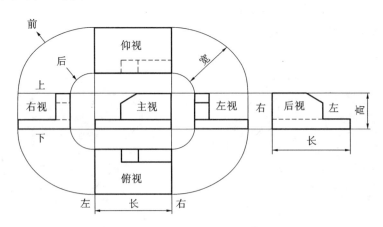

图 7-4 六面视图的投影对应关系

7.1.2 向视图

向视图是向某一方向看的视图,可自由配置,即为位置可移动的基本视图。

若不能按规定位置配置视图,则应在该视图上方标注视图名称"×"("×"是大写拉丁字母的代号),在相应视图附近用箭头指明投影方向,并注上相同的大写拉丁字母,如图 7-5 所示。

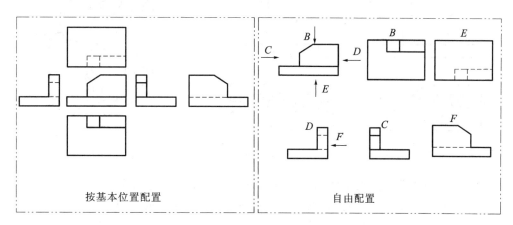

按基本位置配置　　　　自由配置

图 7-5　基本视图和向视图

7.1.3　局部视图

将物体的某一部分向基本投影面投射所得的视图,称为局部视图。

(1)局部视图可按基本视图的配置形式配置,也可按向视图的配置形式配置并标注。当局部视图按照投影关系配置,中间又没有其他视图隔开时,可省略标注。

(2)局部视图的断裂边界应以波浪线表示。当它们所表示的局部结构是完整的,且外轮廓线封闭时,波浪线可省略不画。

7.2　剖　视　图

当物体的内部结构比较复杂时,视图上会出现较多虚线,这样既不便于看图,又不便于标注尺寸。为了解决这个问题,常采用剖视图来表示物体的内部结构。

7.2.1　剖视图的形成

1. 剖视图的概念

假想用剖切平面剖开物体,将处在观察者和剖切平面之间的部分移去,再将其余部分向投影面投影,所得到的投影图称为剖视图(简称剖视),如图 7-6 所示。采用剖视后,物体上原来一些看不见的内部形状和结构变为可见,并用粗实线表示,这样便于看图和标注尺寸。

2. 有关术语

(1)剖切面:剖切被表达物体的假想平面或曲面。

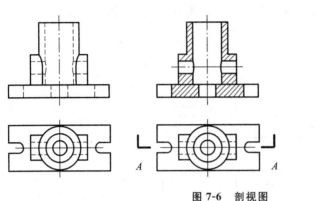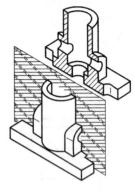

图 7-6　剖视图

（2）剖面区域：假想用剖切面剖开物体，剖切面与物体的接触部分。

（3）剖切符号：指示剖切面起、讫和转折位置（用粗短画表示）及投影方向（用粗短画表示）的符号。剖切位置线长为 6～10mm 的粗短线；投射方向线长为 4～6mm 的粗短线。

7.2.2　剖视图画法要点

剖视图是假想将物体剖切后画出的图形，因此要画好剖视图应做到以下几点。

1.剖切位置应适当

（1）剖切面应尽量通过较多的内部结构（孔、槽）的轴线或对称中线。

（2）剖切平面一般应平行于相应的投影面。

2.内部轮廓要画齐

假想剖开物体后，处在剖切平面之后的所有可见轮廓都应画齐，不得遗漏。

3.剖视图是假想剖切画出的

所有与其相关的视图仍应保持完整，用剖视图已表达清楚的结构，视图中虚线即可省略。

4.剖面符号要画好

用粗实线画出物体被剖切后截面的轮廓线及物体上处于截断面后面的可见轮廓线，并且在截断面上画出相应材料的剖面符号。注意同一物体的剖切线倾斜方向和间隔应该一致。

7.2.3　剖面区域的表示法

1.剖面符号

剖视图中，剖面区域一般应画出特定的剖面符号，物体材料不同，剖面符号也不相同。

2. 通用剖面线

剖视图中,不需在剖面区域中表示材料的类别时,可采用剖面线表示,即画成互相平行的细实线。通用剖面线应以适当角度的细实线绘制,最好与主要轮廓或剖面区域的对称线成45°。同一物体的各个剖面区域,其剖面线画法应一致。相邻物体的剖面线必须以不同的斜向或以不同的间隔画出。

7.2.4 剖切面的种类

剖切面分为以下几类。

(1)单一剖切面。

(2)几个平行的剖切平面。

(3)几个相交的剖切面,即其交线垂直于某一投影面。

注意:剖切面是一个假想的面,因此采用后两种剖切面时,在剖面区域内,对应剖切符号的转折处不应画投影线。

7.2.5 几种常用的剖视图

按剖切范围的大小,剖视图可分为全剖视图、半剖视图、局部剖视图。

1. 全剖视图

用剖切平面(可以是单一平面或是相交两平面,或是一组相平行的平面,或是柱面)来完全剖开物体所得的剖视图,称为全剖视图,如图7-7所示。

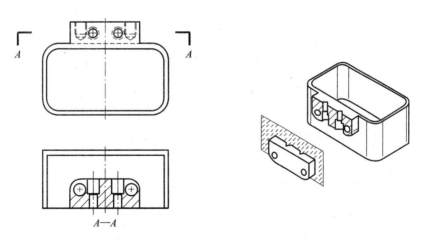

图 7-7   全剖视图

(1)适用范围:当物体外形较简单,内形较复杂,且该视图又不对称时,常采用全剖视画法。

(2)剖视图的标注。

①当剖切平面通过物体对称(或基本对称)平面,且剖视图按投影关系配置,中间又无其他视图隔开时,可省略标注,如图7-7的情况即可省略标注。

②除①之外的情况均应标注。但可根据剖视图是否按投影关系配置确定可否省略箭头指示。

2.半剖视图

以对称中线为界,一半画成剖视图,另一半画成视图所得的剖视图,称为半剖视图。如图 7-8 中的主视图所示。

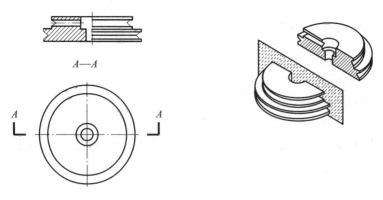

图 7-8 半剖视图

(1)适用范围:内、外部形状都较复杂的对称物体(或基本对称的物体)。

(2)半剖视图的标注:①与全剖视图相同,当剖切平面未通过物体对称平面时必须标出剖切位置和名称,箭头可省略;②标注尺寸时,尺寸线上只能画出一端箭头,而另一端只需超过中心线而不画箭头;③基本对称物体也可画成半剖视图,如图 7-9 所示。

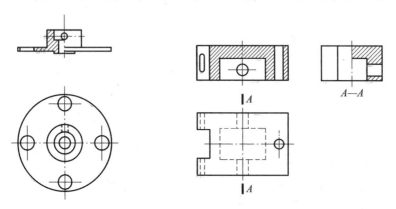

图 7-9 半剖视图的标注

(3)注意事项:①在半剖视图中,半个视图(表示物体外部)和半个剖视图(表示物体内部)的分界线是对称中心线,不能画成粗实线;②在半个视图中应省略表示内部形状的虚线(如图形对称),因物体的内部形状已在半个剖视图中表达清楚;③半个剖视图,对于主视图和左视图应处于对称中心线右半部,对于俯视图应处于对称中心线前半部。如图 7-9 所示。

3.局部剖视图

用剖切平面局部地剖开物体所得的剖视图,称为局部剖视图。

(1)适用范围:局部剖视的适用范围比较广泛且灵活,通常用于以下情况。

①当同时需要表达不对称物体的内、外部形状和结构时,如图 7-10 所示;

②虽有对称平面但轮廓线与对称中心线重合,不宜采用半剖视图时,如图 7-11 所示;

③当物体需要表达局部内形和结构,而又不宜采用全剖视图时,如图 7-12 所示。

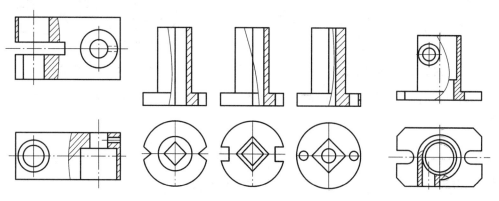

图 7-10　局部剖视图　　图 7-11　不宜采用半剖视图的局部剖视图　　图 7-12　不宜采用全剖视图的局部剖视图

7.3　断　面　图

7.3.1　断面图的概念

假想用剖切平面将物体的某处切断,仅画出断面的图形,称为断面图。

断面图主要用于表达物体某一截面的真实形状,故剖切平面应垂直于所要表达部分的轴线或轮廓线。

断面图分为移出断面图和重合断面图。

7.3.2　移出断面图

画在视图之外的断面图称为移出断面图。

1.移出断面图的画法及配置

(1)移出断面图的轮廓线用粗实线绘制。

(2)应尽量配置在剖切面迹线或剖切符号的延长线上,也可以配置在其他适当的位置,如图 7-13 所示。

(3)当断面图形对称时,也可画在视图的中断处,如图 7-14 所示。

(4)由两个或多个相交的剖切平面剖切物体得出的移出断面图,中间一般应以波浪线断开,如图 7-15 所示。

(5)当剖切面通过回转面形成的孔或凹坑的轴线时,这些结构应按剖视图绘制,如图 7-16 所示。

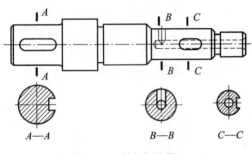

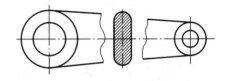

图 7-13 移出断面图 1　　　　　　　　　　　图 7-14 移出断面图 2

(6)当剖切面通过非圆孔,而导致出现完全分离的两个断面时,则这些结构应按剖视图绘制,如图 7-17 所示。

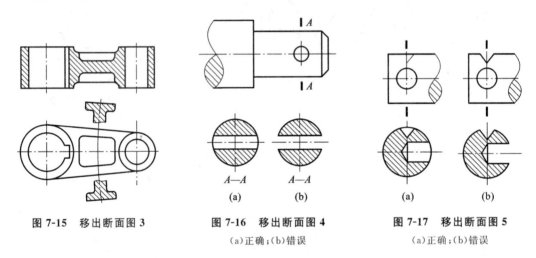

图 7-15 移出断面图 3　　　图 7-16 移出断面图 4　　　图 7-17 移出断面图 5

　　　　　　　　　　　(a)正确;(b)错误　　　　　(a)正确;(b)错误

2.移出断面图的标注

(1)在相应的视图上用剖切符号表示剖切位置 ,并标注相同的字母 × ;用箭头表示投射方向;在断面图上方用相同字母标注出移出断面图名称"×—×"。

(2)可省略字母:配置在剖切符号的延长线上的不对称移出断面,由于剖切位置已很明确,不必标注字母。

(3)可省略箭头:不配置在剖切符号的延长线上的对称移出断面,以及按投影关系配置的不对称移出断面,均可省略箭头。

(4)可不标注:配置在剖切符号的延长线上的对称移出断面,以及配置在视图的中断处的对称移出断面,均可不标注。

7.3.3 重合断面图

画在视图之内的断面图称为重合断面图,如图 7-18 所示。

1.重合断面图的画法

(1)重合断面图的轮廓线用细实线绘制。

(2)当视图中轮廓线与重合断面图的图形重叠时,视图中的轮廓线仍应连续画出,不

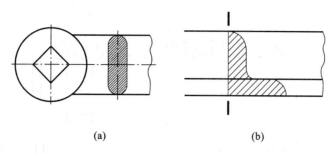

(a)   (b)

图 7-18 重合断面图

可间断,如图 7-18(b)所示。

2. 重合断面图的标注

(1)对称的重合断面,不必标注,如图 7-18(a)所示。

(2)配置在剖切符号上的不对称重合断面,需画出剖切符号及箭头,不必标注字母,如图 7-18(b)所示。

8 建筑施工图识图

8.1 首页图和建筑总平面图识读

8.1.1 施工图首页

1.图纸目录

图纸目录是查阅图纸的主要依据,包括图纸的类别、编号、图名以及备注等栏目。

图纸目录一般包括整套图纸的目录,应有建筑施工图目录、结构施工图目录、给水排水施工图目录、采暖通风施工图目录和建筑电气施工图目录。

2.设计说明

建筑设计说明是施工图样的必要补充,主要是对图样中未能表达清楚的内容加以详细的说明,通常包括工程概况、建筑设计的依据、构造要求以及对施工单位的要求。

3.工程做法表

工程做法表主要是对建筑各部位构造做法用表格的形式加以详细说明。

在表中对各施工部位的名称、做法等做详细、清楚的表达,如采用标准图集中的做法,应注明所采用标准图集的代号、做法编号,如有改变,在备注中说明。

4.门窗表

门窗表是对建筑物所有不同类型的门窗统计后列成的表格,以备施工、预算需要。

在门窗表中应反映门窗的类型、大小、所选用的标准图集及其类型编号,如有特殊要求,应在备注中加以说明。

8.1.2   建筑总平面图的形成和用途

将新建工程四周一定范围内的新建、拟建、原有和拆除的建筑物、构筑物,连同其周围的地形、地物状况,用水平投影方法和相应的图例画出的图样,即为总平面图。

总平面图主要表示整个建筑基地的总体布局,具体展示新建房屋的位置、平面形状、层数、高程、朝向以及周围环境(原有建筑或构筑物、交通道路、管线、电缆走向、绿化、原始地形、地貌等)基本情况的图样。它是新建建筑物定位、施工放线、施工总平面设计的重要依据。

8.1.3   建筑总平面图的图示方法及主要内容

1. 建筑总平面图的图示方法

总平面图是用正投影的原理绘制的,图形主要是以图例的形式表示,总平面图的图例采用《总图制图标准》(GB/T 50103—2010)规定的图例,表 8-1 是部分常用的总平面图图例。

表 8-1   建筑总平面图中的图例

总平面图图例

名称	图例	说明
新建建筑物	8 ▲	①用粗实线表示,可用▲表示入口; ②需要时,可在右上角以点数或数字(高层宜用数字)表示层数
原有建筑物	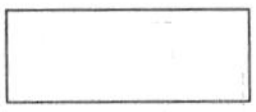	①在设计图中拟利用者,均应编号说明; ②用细实线表示
计划扩建的预留地或建筑物		用中粗虚线表示
拆除的建筑物		用细实线表示
室内地坪标高	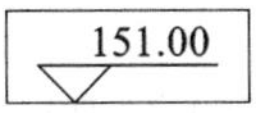 151.00	
室外地坪标高	 ▼143.00	

续表

名称	图例	说明
原有道路		
计划扩建道路		
新建的道路	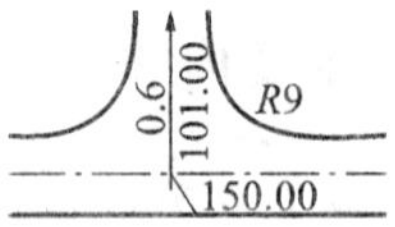	R9 表示道路转弯半径为 9m,150.00 为路面中心标高,0.6 表示 0.6% 的纵向坡度,101.00 表示变坡点间距离
围墙和大门	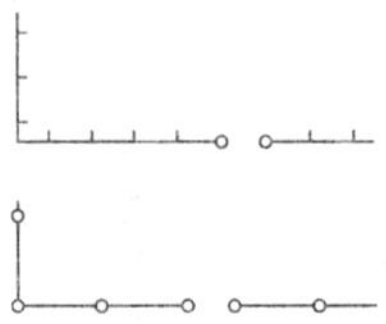	①上图为实体性质的围墙,下图为通透性质的围墙; ②如仅表示围墙时不画大门
桥梁	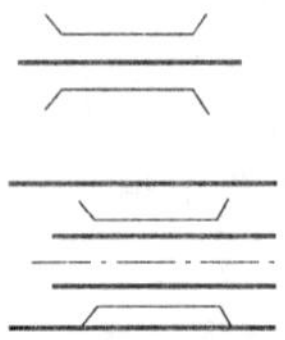	①上图表示公路桥,下图所示为铁路桥; ②用于旱桥时应注明
护坡		边坡较长时,可在一端或两端局部表示

图线的宽度 b,应根据图样的复杂程度和比例,按《房屋建筑制图统一标准》(GB/T 50001—2017)中图线的有关规定执行。

2.建筑总平面图的图示内容

(1)标题栏、图名、比例。

总平面图所绘区域范围较大,一般采用较小的比例,如 1∶500、1∶1000、1∶2000。

(2)建筑物定位的建筑坐标或相互关系尺寸、名称或编号、室内设计标高及层数。

拟建建筑物,用粗实线框表示,并在线框内用数字或建筑物右上角的小黑点来表示建筑物层数。总平面图的主要任务是确定新建建筑物的位置,通常是利用原有建筑物、道路等来定位的。

　　主要建筑物、构筑物用坐标定位,较小的建筑物、构筑物可用相对尺寸定位。应标注其三个角的坐标,若建筑物、构筑物与坐标轴线平行,可标注其对角坐标。

　　测量坐标:与地形图同比例的 50m×50m 或 100m×100m 的方格网。X 为南北方向轴线,Y 为东西方向轴线。测量坐标网交叉处画成十字线。

　　建筑坐标:建筑物、构筑物平面两方向与测量坐标网不平行时常用。A 轴相当于测量坐标中的 X 轴,B 轴相当于测量坐标中的 Y 轴,选适当位置作坐标原点。画垂直的细实线。若同一总平面图上有测量和建筑两种坐标系统,应标注两种坐标的换算公式,如图 8-1 所示。

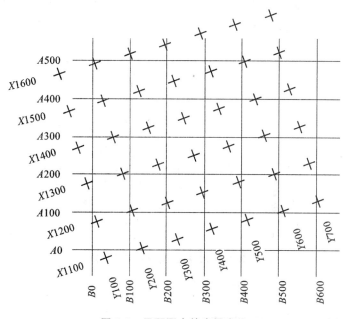

图 8-1　平面图中的房屋定位

　　(3)相邻有关建筑:未来计划扩建工程、计划拆除的原有建筑的位置或范围。

　　在总平面图上将建筑物分成五种情况,即新建建筑物、原有建筑物、计划扩建的预留地或建筑物、拆除的建筑物和新建的地下建筑物或构筑物。当识读总平面图时,要区分哪些是新建建筑物,哪些是原有建筑物。在设计中,为了清楚表示建筑物的总体情况,一般还在总平面图中建筑物的右上角以点数或数字表示建筑物层数。

　　新建建筑物的底层平面轮廓线用粗实线绘制,并在线框内用小黑圆点或数字表示建筑物层数;原有建筑物、构筑物、道路、围墙等的轮廓线用细实线绘制,其中在原有建筑物四周打"×"的是应拆除的建筑物;计划扩建的建筑物、构筑物等的轮廓线用中虚线绘制。

　　(4)附近的地形、地物,如室外标高、等高线、道路、水沟、河流、池塘、土坡等。

　　我国把青岛市外的黄海海平面作为零点所测定的高度尺寸,称为绝对标高。在总平面图中,用绝对标高表示高度数值,单位为 m。图中应标注新建建筑物的底层地面标高、室外地坪标高、道路中心线的标高等,均用绝对标高表示。

(5)道路（或铁路）和明沟等的起点、变坡点、转折点、终点的标高与坡向箭头，主要表示道路位置、走向以及与新建建筑的联系等。

(6)水、暖、电等管线及绿化布置情况：给水管、排水管、供电线路尤其是高压线路，采暖管道等管线在建筑基地的平面布置。

(7)指北针或风向频率玫瑰图。

在总平面图中应画出指北针或风向频率玫瑰图来表示建筑物的朝向。指北针的直径 D 多为 24mm、指针尾部宽为 3mm 或 $D/8$，如图 8-2(a)所示。风向频率玫瑰图如图 8-2(b)所示，一般画出十六个方向的长短线来表示该地区常年的风向频率。用八个或十六个罗盘方向定位，是指风从外面吹向地区中心。其中粗实线表示全年平均风向；虚线表示夏季平均风向；细实线表示冬季平均风向；风向为从外指向中心。

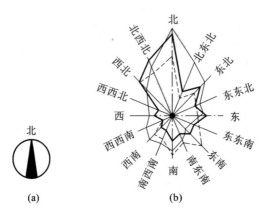

图 8-2　指北针或风向频率玫瑰图

(a)指北针；(b)风玫瑰图

8.1.4　建筑总平面图的识读

下面以图 8-3 所示的某商住楼总平面图为例，说明建筑总平面图的识读方法。

(1)了解图名、比例。

(2)了解工程性质、用地范围、地形地貌和周围环境情况。

(3)了解建筑的朝向和风向。

(4)了解新建建筑的平面形状和准确位置。

(5)了解新建房屋四周的道路、绿化。

(6)了解建筑物周围的给水、排水、供暖和供电的位置，管线布置走向。

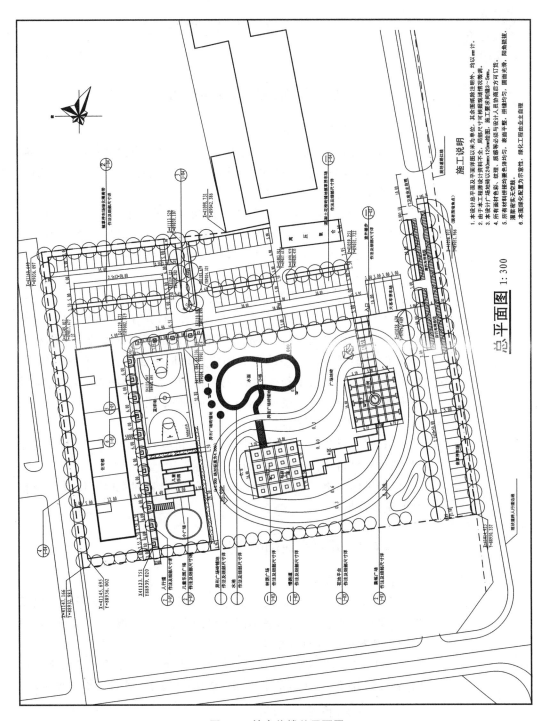

图 8-3　某商住楼总平面图

建筑平面图
的形成动画

8.2 建筑平面图

8.2.1 建筑平面图的形成与作用

1.建筑平面图的形成

建筑平面图是假想用一水平剖切平面从建筑窗台上一点剖切建筑，移去上面的部分，向下所作的正投影图，称为建筑平面图，简称平面图。图 8-4 所示是建筑平面图的形成。

建筑平面图反映建筑物的平面形状和大小、内部布置、墙的位置、厚度和材料、门窗的位置和类型以及交通等情况，可作为建筑施工定位、放线、砌墙、安装门窗、室内装修、编制预算的依据。

建筑平面图实质上是房屋各层的水平剖面图，平面图虽然是房屋的水平剖面图，但按习惯不必标注其剖切位置，也不称为剖面图。一般情况下，房屋有几层，就应画出几个平面图，并在图形的下方标注出相应的图名、比例等。沿房屋底层门窗洞口剖切所得到的平面图称为底层平面图，最上面一层的平面图称为顶层平面图。对于中间各层，如果房间的数量、大小和布置都一样，可用一个平面图表示，称为标准层平面图。此外，还有屋顶平面图和局部平面图等。

2.建筑平面图的作用

（1）主要反映房屋的平面形状、大小和房间布置，墙（或柱）的位置、厚度和材料，门窗的位置、开启方向等。

（2）可作为施工放线，砌筑墙、柱、门窗安装和室内装修及编制预算的重要依据。

8.2.2 建筑平面图的主要内容

1.底层平面图

图 8-5 是某住宅楼底层平面图。比例为 1∶100。从图中可以看出，该建筑物的平面形状，各房间的平面布置情况，出入口、走廊、楼梯的位置和各种门窗的布置等。

对于房屋的楼梯，其底层平面图是底层窗台上方的一个水平剖面图，故只画出第一个梯段的下半部分楼梯，并按规定用倾斜折断线断开。

2.标准层（楼层）平面图

标准层平面图的图示方法与底层平面图相同。因为室外的台阶、花池、明沟、散水和雨水管的形状及位置已在底层平面图中表达清楚了，所以中间各层平面图除要表达本层室内情况外，只需画出本层的室外阳台和下一层室外的雨篷、遮阳板等。此外,因剖切情况不同,标准层和顶层平面图中楼梯部分表达梯段的情况与底层平面图也不同。标准层平面图如图 8-6 所示。

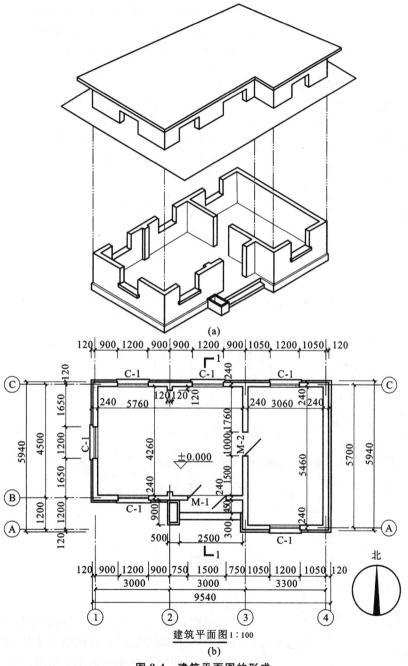

(a)

建筑平面图 1:100

(b)

图 8-4   建筑平面图的形成

3. 屋顶平面图

屋顶平面图主要表达屋顶的形状,屋面排水方向及坡度,檐沟、女儿墙、屋脊线、落水口、上人孔、水箱及其他构筑物的位置和索引符号等。屋顶平面图比较简单,可采用较小的比例绘制。屋顶平面图如图 8-7 所示。

平面图例图

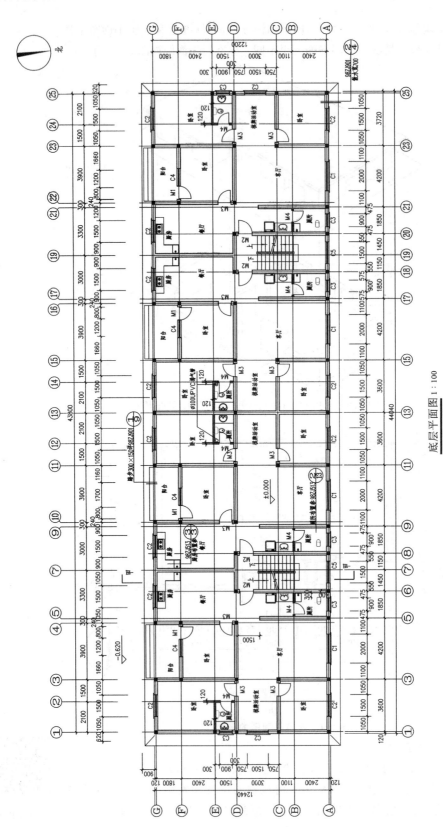

底层平面图 1:100

图8-5　某住宅楼底层平面图（1:100）

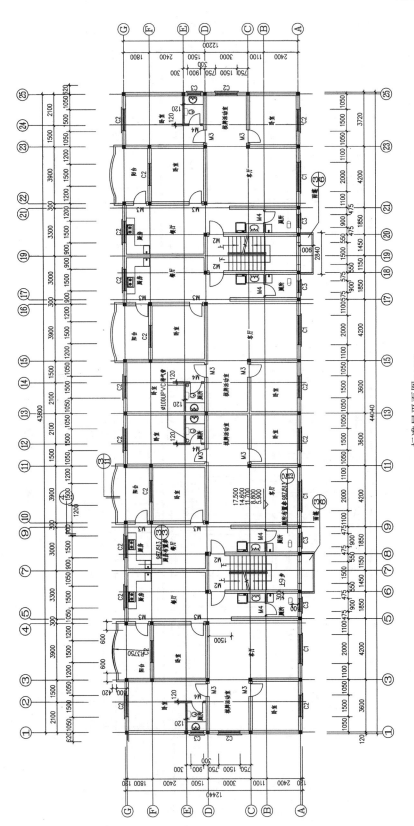

标准层平面图 1:100

图 8-6 标准层平面图(1:100)

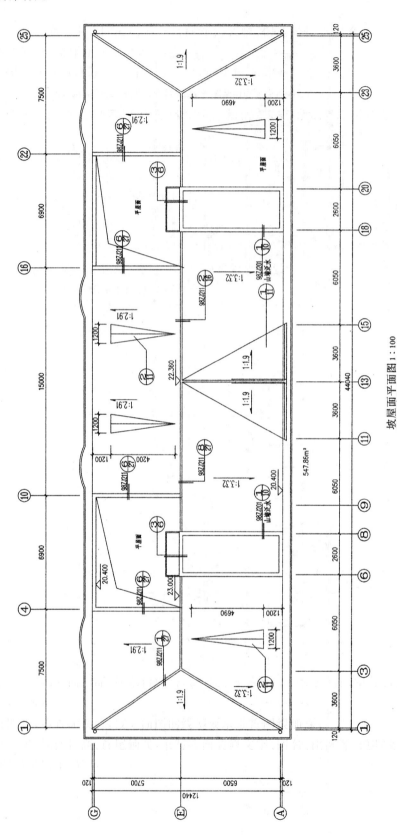

坡屋面平面图 1:100

图 8-7　屋顶平面图（1:100）

8.2.3 建筑平面图的表示方法

1.图线

凡是被剖切到的墙、柱断面轮廓线均用粗实线画出,没有剖切到的可见轮廓线,如墙身、窗台、台阶、楼梯等用中实线画出。尺寸线、尺寸界线、引出线、图例线、索引符号、标高符号等用细实线画出,轴线用细单点长画线画出。

2.比例与图例

建筑平面图用 1∶50、1∶100、1∶200 的比例绘制,实际工程中常用 1∶100 的比例绘制。建筑平面图由于比例小,各层平面图中的卫生间、楼梯间、门窗、孔洞、烟道、花格等投影难以详尽表示,便采用《建筑制图标准》(GB/T 50104—2010)规定的图例来表达,见表 8-2。而相应的详尽情况则另用较大比例的详图来表达。

表 8-2 建筑平面图中的图例

序号	名称	图例	说明
1	墙体		应加注文字或填充图例表示墙体材料,在项目设计图纸中列表给予说明
2	隔断		①包括板条抹灰、木制、石膏板、金属材等隔断; ②适用于到顶与不到顶隔断
3	楼梯	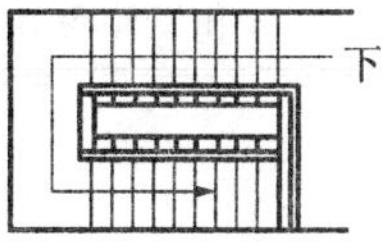	①上图为顶层楼梯平面图,中图为中间层楼梯平面图,下图为底层楼梯平面图; ②楼梯及栏杆扶手的形式和梯段踏步数应按实际情况绘制
4		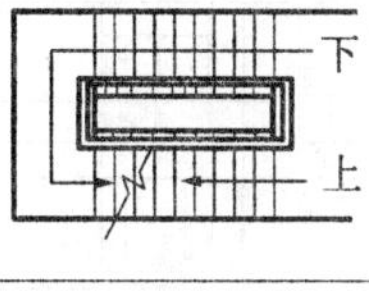	
5		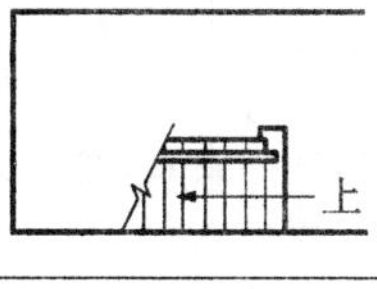	
6	坡道	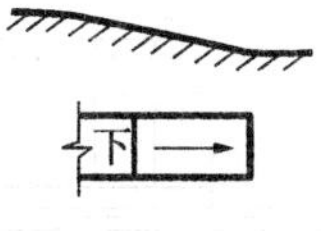	上图为长坡道,下图为门口坡道
7		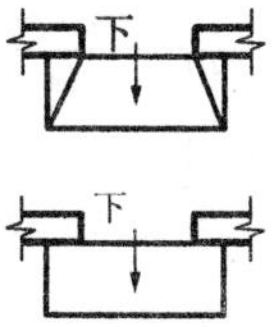	

序号	名称	图例	说明
8	平面高差	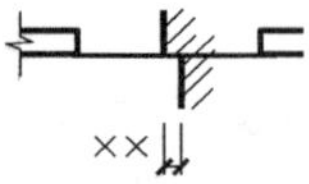	适用于高差小于 100 的两个地面或楼面相接处
9	检查孔	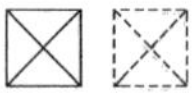	左图为可见检查孔,右图为不可见检查孔
10	孔洞		阴影部分可涂色代替
11	坑槽		
12	墙预留洞	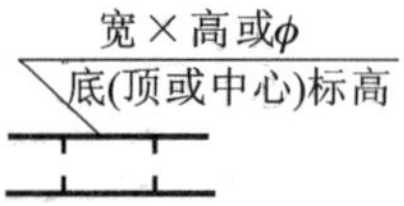 宽×高或φ 底(顶或中心)标高	①以洞中心或洞边定位; ②宜以涂色区别墙体和留洞位置
13	墙预留槽	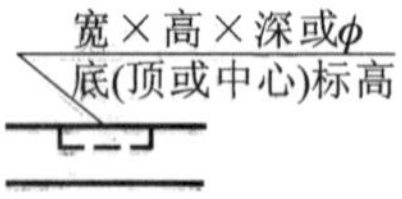 宽×高×深或φ 底(顶或中心)标高	
14	烟道	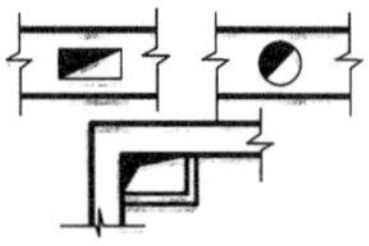	①阴影部分可涂色代替; ②烟道与墙体为同一材料,其相接处墙身线应断开
15	通风道	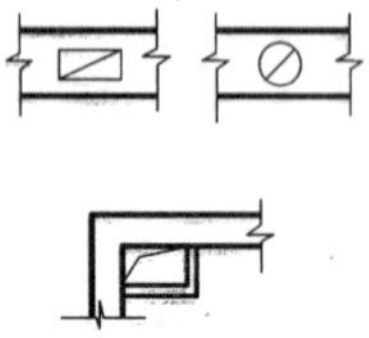	
16	空门洞	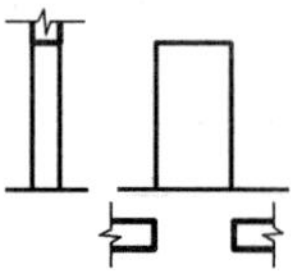	

序号	名称	图例	说明
17	单扇门（包括平开或单面弹簧）	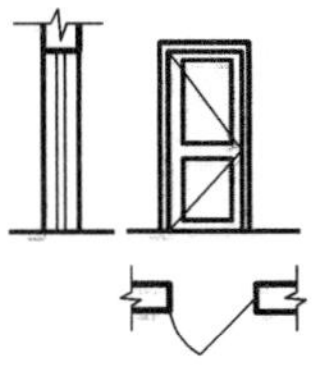	①门的名称代号用 M 表示； ②图例中剖面图左为外、右为内，平面图上为外、下为内； ③立面图上开启方向线交角的一侧为安装合页的一侧，实线为外开，虚线为内开； ④平面图上门线应 90°或 45°开启，开启弧线宜绘出； ⑤立面图上的开启线在一般设计图中可不表示，在详图及室内设计图中应表示； ⑥立面形式应按实际情况绘制
18	双扇门（包括平开或单面弹簧）	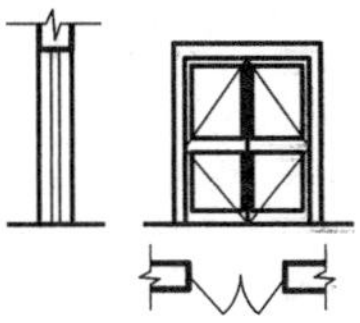	
19	单扇双面弹簧门	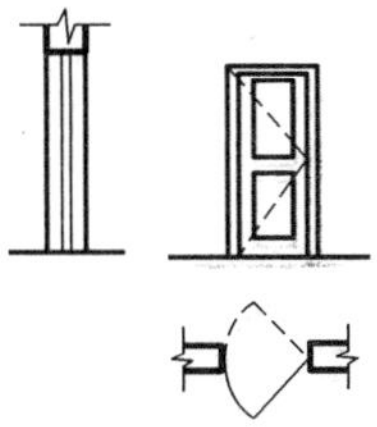	
20	双扇双面弹簧门	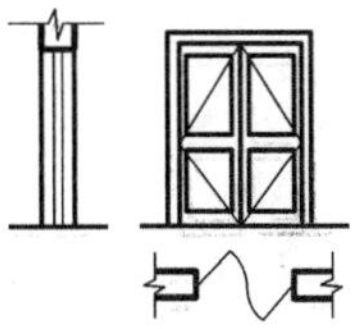	
21	单扇内外开双层门（包括平开或单面弹簧）	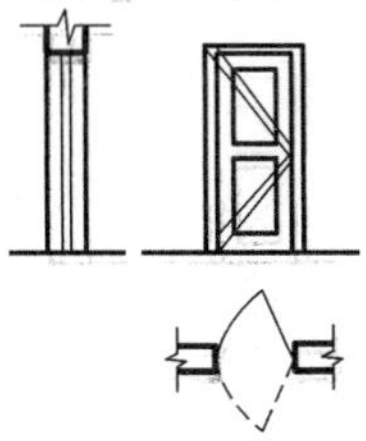	同单扇门说明①～⑥
22	双扇内外开双层门（包括平开或单面弹簧）	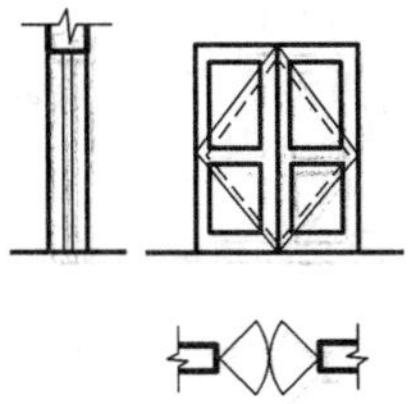	
23	对开折叠门	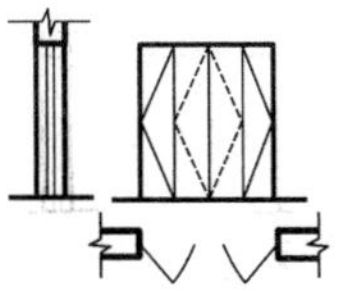	

序号	名称	图例	说明
24	推拉门		
25	墙外单扇推拉门		
26	墙外双扇推拉门		同单扇门说明 ①、②、⑥
27	墙中单扇推拉门		
28	墙中双扇推拉门		
29	竖向卷帘门	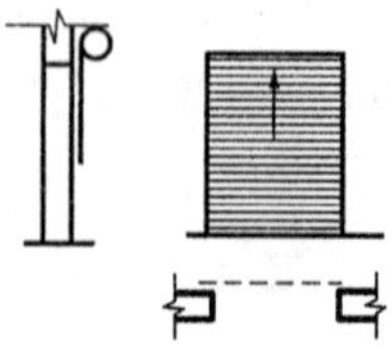	①门的名称代号用 M 表示; ②图例中剖面图左为外、右为内,平面图下为外、上为内; ③立面形式应按实际情况绘制
30	横向卷帘门		

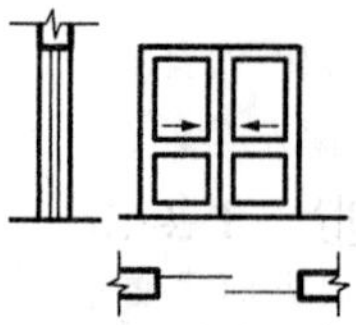

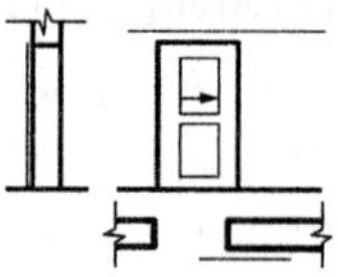

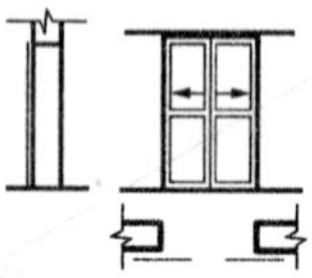

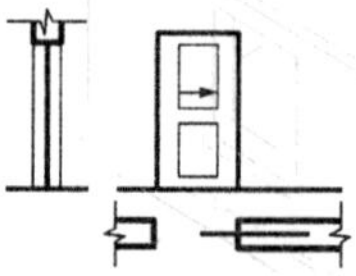

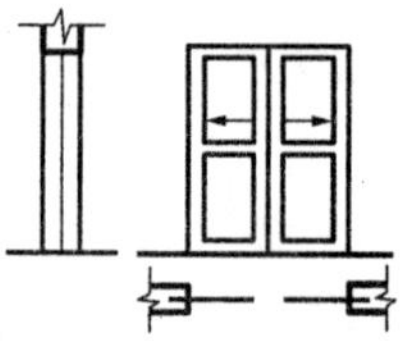

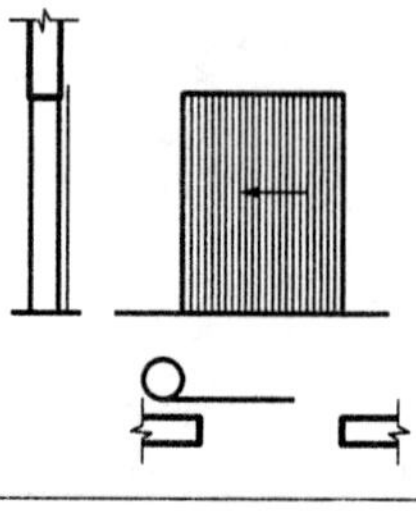

序号	名称	图例	说明
31	单层固定窗	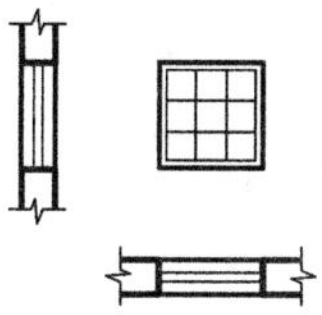	
32	单层外开上悬窗	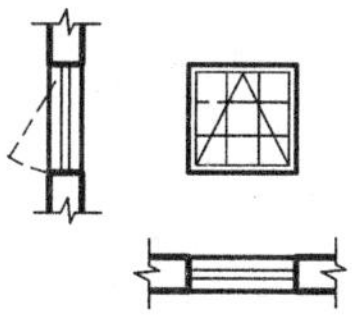	
33	单层中悬窗	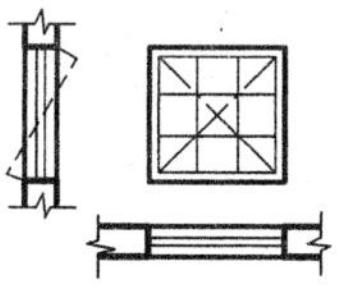	
34	单层内开下悬窗	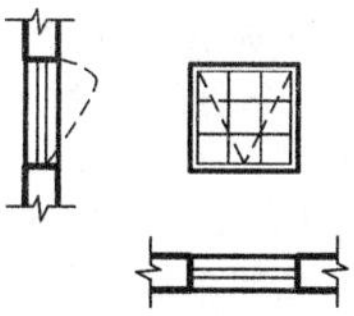	①窗的代号用 C 表示； ②立面图中的斜线表示窗的开启方向，实线为外开，虚线为内开，开启方向线交角的一侧为安装合页的一侧，一般设计图中可不表示； ③图例中剖面图左为外、右为内，平面图下为外、上为内； ④平面图和剖面图上的虚线仅说明开关方式，在设计图中不需表示； ⑤窗的立面形式应按实际情况绘制； ⑥小比例绘图是平面图、剖面图的窗线，可用单粗实线表示
35	立转窗	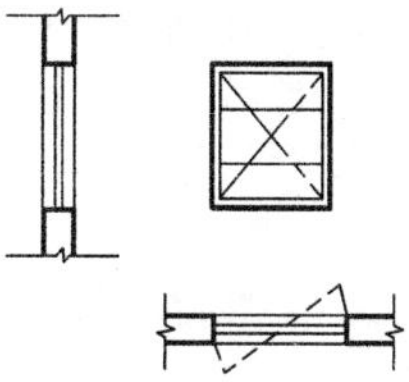	
36	单层外开平开窗	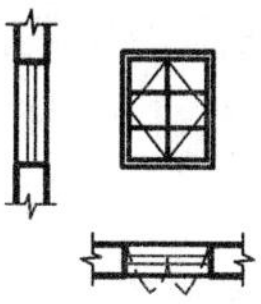	
37	单层内开平开窗	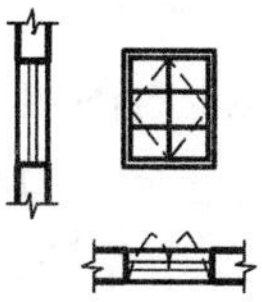	
38	双层内外开平开窗	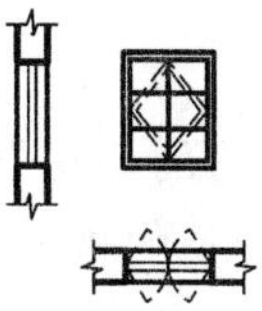	

序号	名称	图例	说明
39	推拉窗	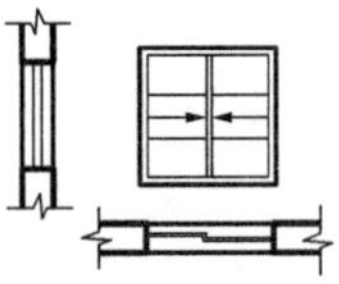	同单层窗说明①、②、⑤、⑥
40	上推窗	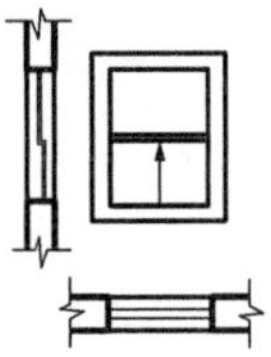	
41	百叶窗	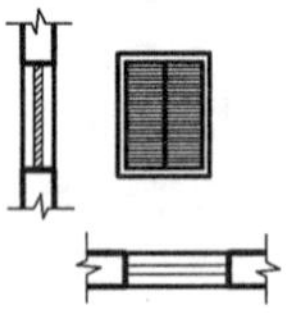	同单层窗说明①～⑤
42	高窗	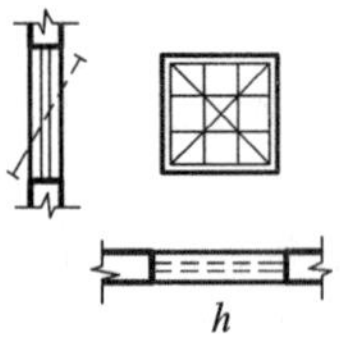	①窗的代号用C表示; ②立面图中的斜线表示窗的开启方向,实线为外开,虚线为内开,开启方向线交角的一侧为安装合页的一侧,一般设计图中可不表示; ③图例中剖面图左为外、右为内,平面图下为外、上为内; ④平面图和剖面图上的虚线仅说明开关方式,在设计图中不需表示; ⑤窗的立面形式应按实际情况绘制; ⑥h为窗底距本层楼地面的高度

3.定位轴线

(1)作用:确定房间的大小,走廊的宽窄和墙的位置,凡主要的墙柱,都用轴线来定位。

定位轴线用细单点长画线表示,端部画细实线圆,直径为8～10mm。定位轴线圆的圆心应在定位轴线的延长线上或延长线的折线上。圆内注明编号。

(2)定位轴线的编号:

①宜标注在图样的下方或左侧;

②横向编号应用阿拉伯数字,按从左至右的顺序编写;

③竖向编号应用大写拉丁字母,按从下至上的顺序编写;

④大写字母中的I、O、Z三个字母不得用作轴线编号,以免与数字1、0、2混淆。

4.剖切符号和索引符号

一般在底层平面图中应标注剖面图的剖切位置线和投影方向,并标注出编号;凡套用标准图集或另有详图表示的构配件、节点,均需画出详图索引符号,以便对照阅读。

定位轴线

5.平面图的尺寸标注

(1)外部尺寸。

如果平面图的上下、左右是对称的,一般外部尺寸标注在平面图的下方及左侧。如果平面图不对称,则四周都要标注尺寸。外部尺寸一般分为三道标注:最外一道是外包尺寸,表示房屋的总长度和总宽度;中间一道尺寸,表示定位轴线的距离,说明房间的"开间"及"进深"尺寸;最里面一道尺寸,表示门窗洞口、墙垛、墙厚等细部尺寸。底层平面图中还应注出室外台阶、花台、散水等尺寸。

三道尺寸之间应留有适当距离(7~10mm),以便注写数字。

(2)内部尺寸。

为了说明室内的门窗洞、孔洞、墙厚和固定设备的大小与位置,在平面图上应标注出有关的内部尺寸。

此外,在底层平面图中,还应标注室内外地面的标高。

6.指北针

一般在底层平面图的下侧要画出指北针符号,以表明房屋的朝向。

8.2.4　建筑平面图的识读

1.底层平面图的识读

下面以图 8-8 所示的某商住楼底层平面图为例说明建筑平面图的读图方法。

(1)了解平面图的图名、比例。

(2)了解建筑的朝向。

(3)了解建筑的结构形式。

(4)了解建筑的平面布置。

(5)了解建筑平面图上的尺寸。

(6)了解建筑中各组成部分的标高情况。

(7)了解门窗的位置及编号。

(8)了解建筑剖面图的剖切位置、索引标志。

(9)了解各专业设备的布置情况。

2.其他楼层平面图的识读

其他楼层平面图的识读应注意以下问题。

(1)其他楼层平面图包括标准层平面图和顶层平面图,其形成与底层平面图的形成相同。

(2)在标准层平面图上,为了简化作图,已在底层平面图上表示过的内容不再表示。

(3)识读标准层平面图时,重点应与底层平面图对照异同。

其他楼层平面图可参见图 8-9 所示某商住楼标准层平面图和图 8-10 所示顶层平面图。

3.屋顶平面图的识读

屋顶平面图主要反映屋面上天窗、水箱、铁爬梯、通风道、女儿墙、变形缝等的位置以及采用标准图集的代号,屋面排水分区、排水方向、坡度,雨水口的位置、尺寸等,参见图 8-11 所示某商住楼屋顶平面图。图中各种构件只用图例画出,用索引符号表示出详图的位置,用尺寸具体表示构件在屋顶上的位置。

8.2.5　建筑平面图的绘制方法与步骤

建筑平面图的画图步骤如图 8-12 所示。

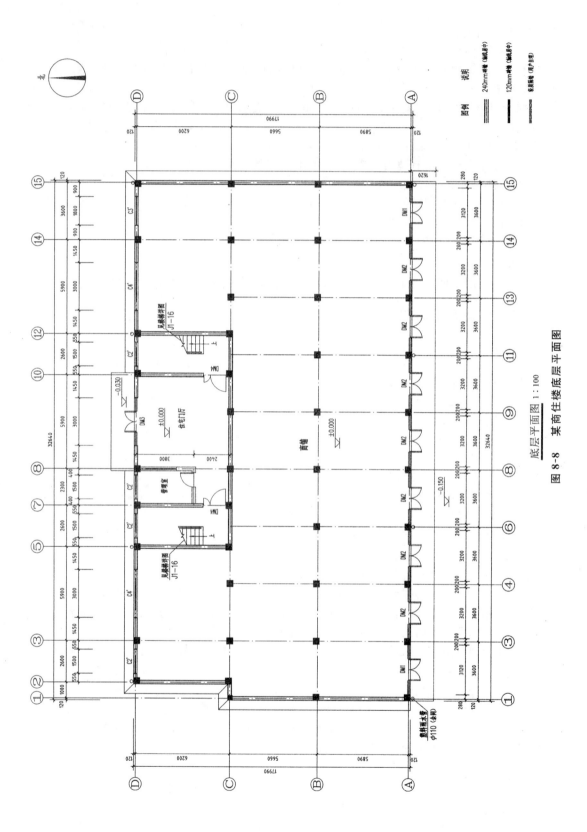

底层平面图 1：100

图 8-8 某商住楼底层平面图

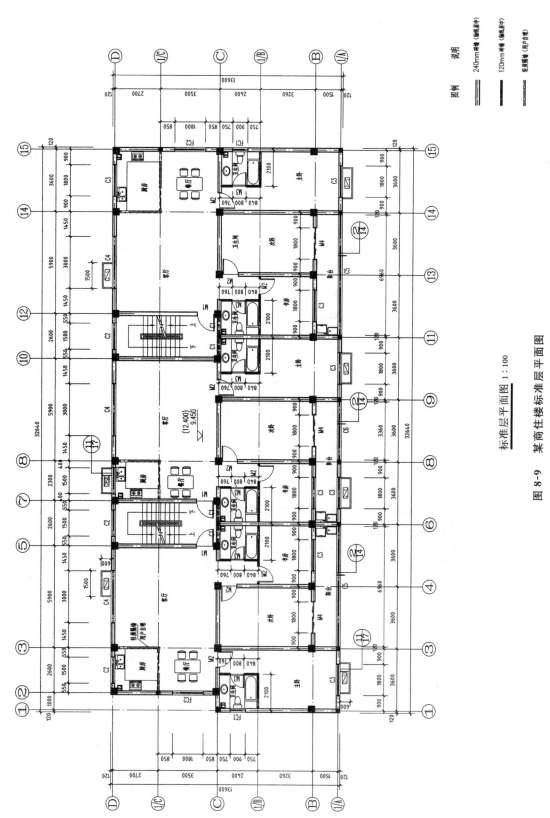

标准层平面图 1:100

图 8-9 某商住楼标准层平面图

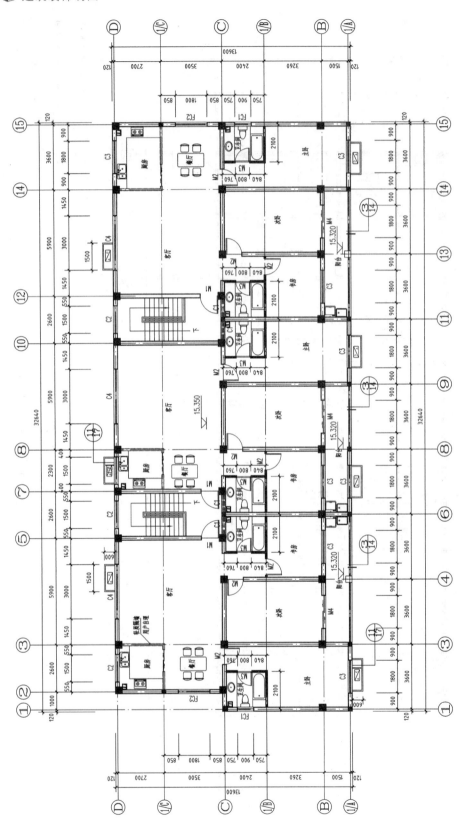

顶层平面图1:100

图 8-10　某商住楼顶层平面图

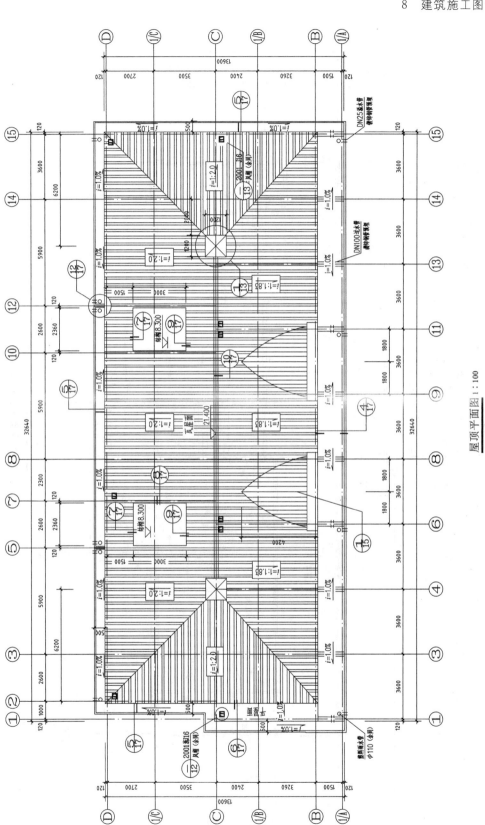

屋顶平面图 1:100

图 8-11 某商住楼屋顶平面图

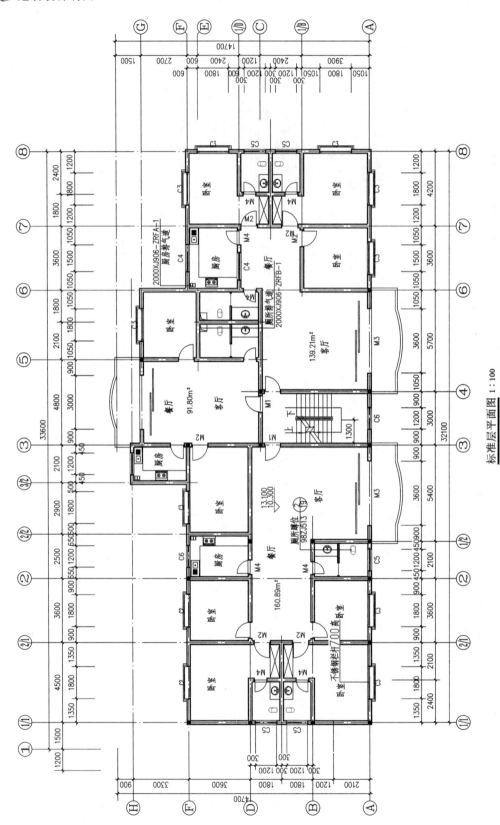

标准层平面图 1：100

图 8-12 建筑平面图的画图步骤

第一步,确定绘制建筑平面图的比例和图幅。

第二步,画底图。

(1)画图框线和标题栏的外边线。

(2)布置图面,画定位轴线、墙身线。

(3)在墙体上确定门窗洞口的位置。

(4)画楼梯散水等细部。

第三步,仔细检查底图,确认无误后,按建筑平面图的线型要求进行加深,墙身线一般为 0.5mm 或 0.7mm,门窗图例、楼梯分格等细部线为 0.18mm,并标注轴线、尺寸、门窗编号、剖切符号等。

第四步,标注图名、比例及其他内容。

8.3 建筑立面图

建筑立体图
的形成动画

8.3.1 建筑立面图的形成与作用

1.形成

在与建筑立面平行的铅直投影面上所作的正投影图称为建筑立面图,简称立面图,如图 8-13 所示。

2.建筑立面图的作用

主要用来表明房屋的外形外貌,反映房屋的高度、层数,屋顶的形式,墙面的做法,门窗的形式、大小和位置,以及窗台、阳台、雨篷、檐口、勒脚、台阶等构造和配件各部位的标高。建筑立面图在施工过程中主要用于室外装修。

8.3.2 建筑立面图的命名

立面图的命名方式有以下三种:

(1)用朝向命名。

建筑物的某个立面面向哪个方向,就称为哪个方向的立面图。

(2)按外貌特征命名。

将建筑物反映主要出入口或显著地反映外貌特征的那一面称为正立面图,其余立面图依次为背立面图、左立面图和右立面图。

(3)用建筑平面图中的首尾轴线命名。

按照观察者面向建筑物从左到右的轴线顺序命名。图 8-14 标出了建筑立面图的投影方向和名称。

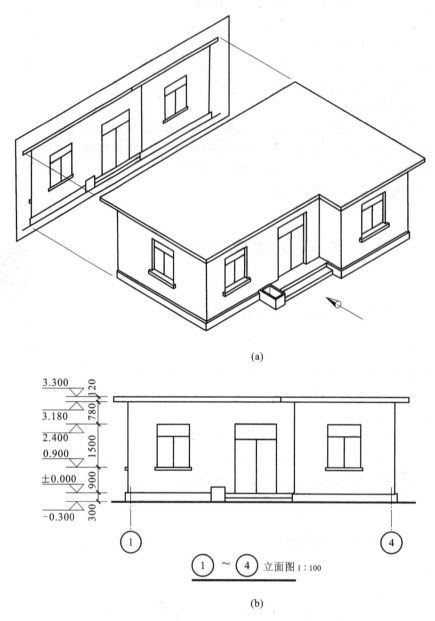

(a)

(b)

图 8-13　建筑立面图的形成

8.3.3　建筑立面图的图示方法

为了使建筑立面图主次分明,有一定的立体感,通常将建筑物外轮廓和较大转折处轮廓的投影用粗实线表示;外墙上凸出、凹进部位如壁柱、窗台、楣线、挑檐、门窗洞口等的投影用中粗实线表示;门窗的细部分格以及外墙上的装饰线用细实线表示;室外地坪线用加粗实线(1.4b)表示。在立面图上应标注首尾轴线。

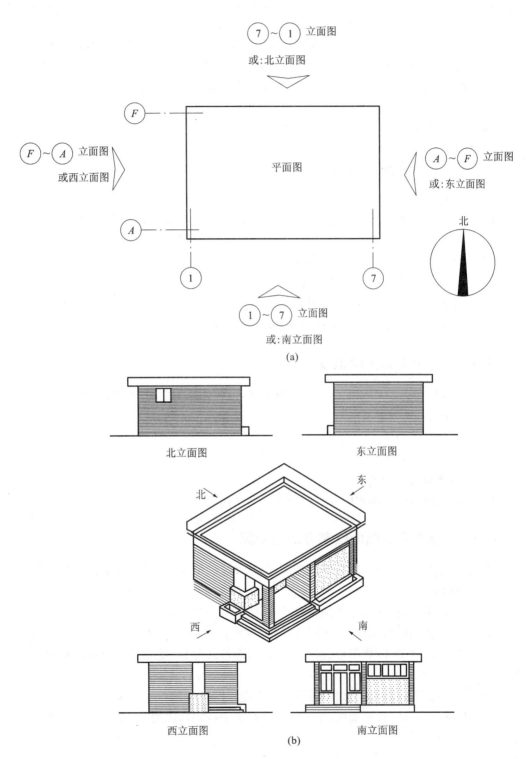

图 8-14 建筑立面图的投影方向和名称

在建筑立面图上相同的门窗、阳台、外檐装修、构造做法等可在局部重点表示,绘出其完整图形,其余部分只画轮廓线。

房屋立面如有部分不平行于投影面,可将该部分展开至与投影面平行,再用投影法画出其立面图,但应在该立面图图名后注写"展开"二字。

在建筑立面图上,外墙表面分格线应标示清楚,应用文字说明各部位所用材料及颜色。

建筑立面图的绘图比例应与建筑平面图的比例一致。

8.3.4 建筑立面图的图示内容

建筑立面图的图示内容如图 8-15(c)所示。

(1)画出从建筑物外可以看见的室外地面线、房屋的勒脚、台阶、花池、门、窗、雨篷、阳台、室外楼梯、墙体外边线、檐口、屋顶、雨水管、墙面分格线等。

(2)标注出建筑物立面上的主要标高。

(3)标注出建筑物两端的定位轴线及其编号。

(4)标注出需详图表示的索引符号。

(5)用文字说明外墙面装修的材料及其做法。

8.3.5 建筑立面图的识读

下面以图 8-16 某商住楼①～㉕立面图为例,说明建筑立面图的识读方法。

(1)了解图名、比例。

(2)了解建筑的外貌。

(3)了解建筑的高度。

(4)了解建筑物的外装修。

(5)了解立面图上详图索引符号的位置与其作用。

8.3.6 建筑立面图的绘制方法与步骤

建筑立面图的画法和绘制方法与建筑平面图基本相同,同样先选定比例和图幅,经过画底图和加深两个步骤。

第一步,画室外地坪线、建筑外轮廓线,如图 8-15(a)所示。

第二步,画各层门窗洞口线,如图 8-15(b)所示。

第三步,画墙面细部,如阳台、窗台、楣线、门窗细部分格、壁柱、室外台阶、花池等,如图 8-15(c)所示。

第四步,检查无误后,按立面图的线型要求进行图线加深。

第五步,标注标高、首尾轴线,书写墙面装修文字、图名、比例等,说明文字一般采用 5 号字,图名采用 10 号字。

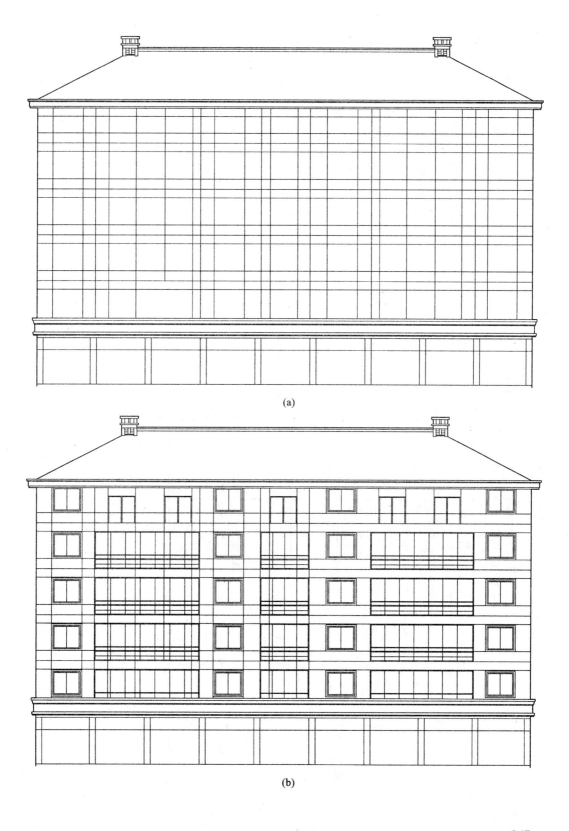

(a)

(b)

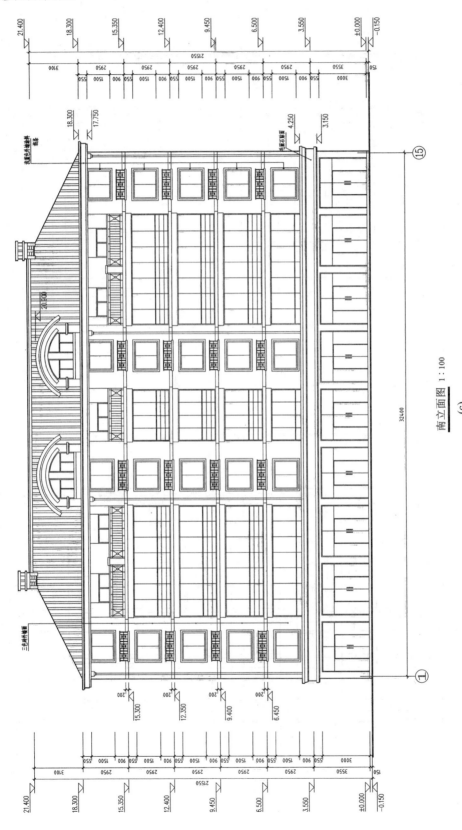

南立面图 1:100

(c)

图 8-15 建筑立面图的画法

148

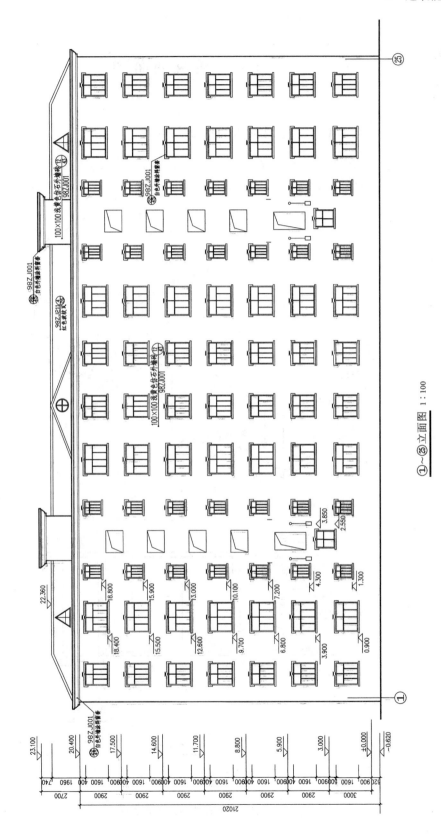

①~㉕立面图 1:100

图8-16 某商住楼立面图

建筑剖面图
的形成动画

8.4 建筑剖面图

8.4.1 建筑剖面图的形成与作用

假想用一个或一个以上垂直于外墙轴线的铅垂剖切平面剖切建筑,得到的剖面图称为建筑剖面图,简称剖面图,如图 8-17 所示。

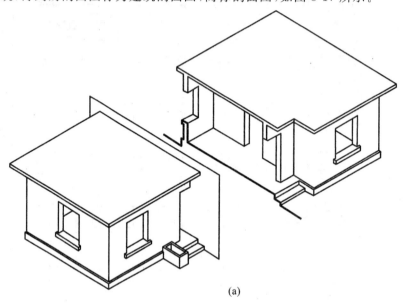

(a)

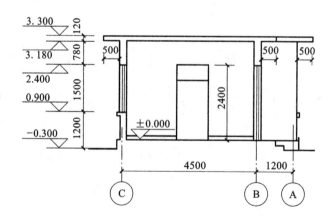

1—1 剖面图 1:100

(b)

图 8-17 建筑剖面图的形成

建筑剖面图用以表示建筑内部的结构构造,垂直方向的分层情况,各层楼地面、屋顶的构造及相关尺寸、标高等。

剖面图的剖切位置应根据图纸的用途或设计深度,在剖面图上选择能反映全貌、构造特征以及有代表性的部位剖切,如楼梯间等,并应尽量使剖切平面通过门窗洞口。

剖面图的图名应与建筑底层平面图的剖切符号一致。

剖切符号可用阿拉伯数字、罗马数字或拉丁字母编号。

剖面图是主要表示建筑物的结构形式、建筑物内部垂直高度及内部分层情况的重要图样。要更清楚地识读建筑内部构造及配件情况,必须有平面图、立面图、剖面图相配合。

8.4.2 建筑剖面图的图示方法

1.建筑剖面图的命名

(1)比例。

建筑剖面图常选用比平面图、立面图更大的比例绘制,常用比例为1∶50、1∶100等。

(2)图线及定位轴线。

室外地平线用加粗实线表示;剖切到的墙身、楼板、屋面板、楼梯段、楼梯平台等轮廓线用粗实线表示;未剖切到的可见轮廓线用中粗线表示;门、窗扇及其分格线,水斗及雨水管等用细实线表示。在剖面图中,凡是被剖切到的承重墙、柱等要画出定位轴线,并注写与平面图相同的编号。定位轴线一般只画出两端的轴线及编号,以便与平面图对照。

(3)剖切位置与数量选择。

剖切平面应选在通过门、窗洞的位置,借此来表示门、窗洞的高度和竖直方向的位置和构造,以便施工。剖切数量视建筑物的复杂程度和实际情况而定,编号用阿拉伯数字(如1—1、2—2)或英文字母(如 $A—A$、$B—B$)命名,如图8-18所示。

(4)尺寸和标高

剖面图上应标注垂直尺寸,一般注写三道:最外一道为总高尺寸,从室外地平面起标到墙顶止,标注建筑物的总高度;中间一道尺寸为层高尺寸,标注各层层高(两层之间楼地面的垂直距离称为层高);最里边一道尺寸称为细部尺寸,标注墙段及洞口尺寸。另外还应标注某些局部尺寸,如室内门窗洞、窗台高度等。

剖面图上应注写的标高包括室内外地坪、各层楼面、楼梯休息平台、屋面和女儿墙压顶面、高出屋面的水箱顶面、烟囱顶面、楼梯间顶面等处的标高。注写尺寸与标高时,注意与建筑平面图和建筑剖面图相一致。

(5)楼地面构造。

剖面图中一般用引出线指向所说明的部分,按其构造层次顺序,逐层加以文字说明,以表示各层的构造做法。

(6)详图索引符号。

剖面图中应表示出详图处的索引符号。

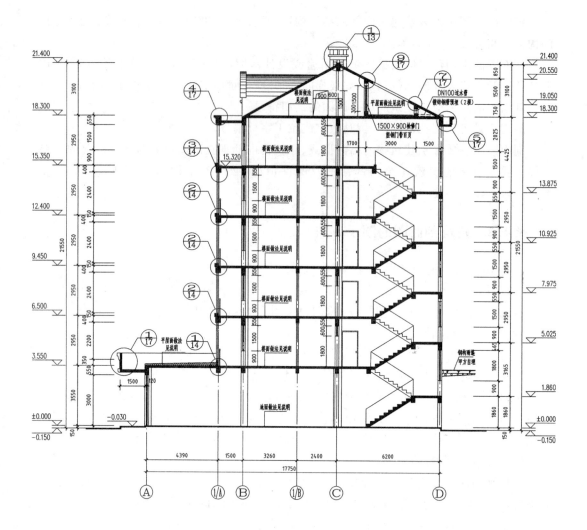

1—1剖面图 1:100

图 8-18　1—1剖面图

2.建筑剖面图的主要内容

(1)重要承重构件的定位轴线及编号。

(2)标示建筑物各部位的高度。

(3)表明建筑主要承重构件的相互关系,指梁、板、柱、墙的关系。

(4)剖面图中不能详细表达的地方,应引出索引符号另画详图。

8.4.3　建筑剖面图的识读

以图 8-19 某商住楼 1—1 剖面图为例,了解建筑剖面图的识读方法。

(1)了解图名、比例。

(2)了解被剖切到的墙体、楼板、楼梯和屋顶。

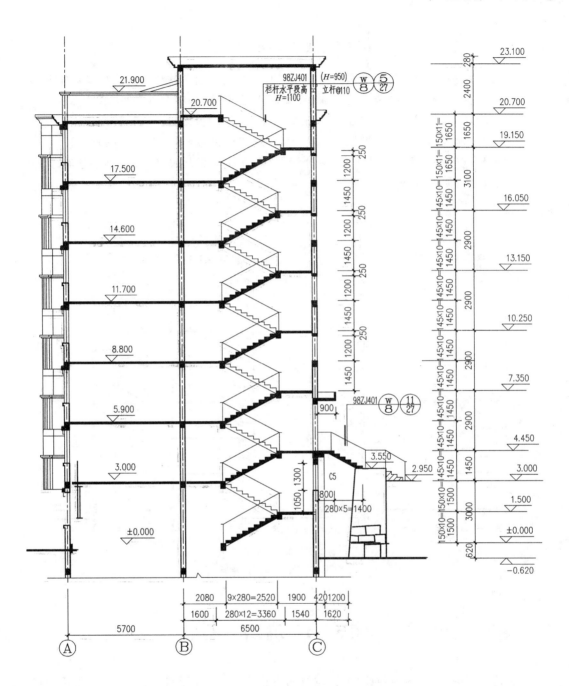

1—1剖面图 1:100

图 8-19　某商住楼 1—1 剖面图

（3）了解可见的部分。

（4）了解剖面图上的尺寸标注。

（5）了解详图索引符号的位置和编号。

8.4.4 建筑剖面图的绘制方法与步骤

比例、图幅的选择与建筑平面图、立面图相同,建筑剖面图的具体画法与步骤如下。

第一步,画被剖切到的墙体定位轴线、墙体、楼板面等,如图 8-20(a)所示。

第二步,在被剖切到的墙上开门窗洞口以及可见的门窗投影。

第三步,画剖开房间后向可见方向投影所看到部分的投影,如图 8-20(b)所示。

第四步,按建筑剖面图的图示方法加深图线,标注标高与尺寸,最后画定位轴线,书写图名和比例,如图 8-19 所示。

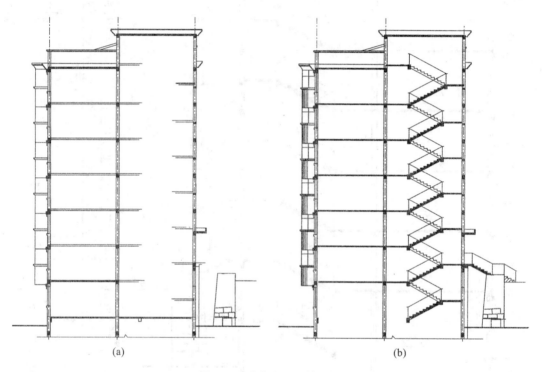

(a)   (b)

图 8-20　建筑剖面图的画法

8.5　建 筑 详 图

建筑平面图、立面图、剖面图表达建筑的平面布置、外部形状和主要尺寸,但因反映的内容范围大、比例小,对建筑的细部构造难以表达清楚,为了满足施工要求,对建筑的细部构造用较大的比例详细地表达出来,这种图称为建筑详图,有时也称为大样图。

详图的特点是比例大,反映的内容详尽,常用的比例有 1∶50、1∶20、1∶10、1∶5、1∶2、1∶1 等。

建筑详图一般有局部构造详图、构件详图和装饰构造详图三类。

8.5.1　外墙详图

外墙详图也称外墙大样图,是建筑剖面图上外墙体的放大图样,表达外墙与地面、楼面、屋面的构造连接情况以及檐口、门窗顶、窗台、勒脚、防潮层、散水、明沟的尺寸、材料、做法等构造情况,是砌墙、室内外装修、门窗安装、编制施工预算以及材料估算等的重要依据。

在多层房屋中,各层构造情况基本相同,可只画墙脚、檐口和中间部分三个节点。门窗一般采用标准图集,为了简化作图,通常采用省略方法画,即门窗在洞口处断开。

1. 外墙详图的内容

(1)墙脚。

墙脚主要是指一层窗台及其以下部分,包括散水(或明沟)、防潮层、勒脚、一层地面、踢脚等部分的形状、大小、材料及其构造情况。

(2)中间部分。

中间部分的内容主要包括楼板层、门窗过梁及圈梁的形状、大小、材料及其构造情况,还应包括楼板与外墙的关系。

(3)檐口。

应表示出屋顶、檐口、女儿墙及屋顶圈梁的形状、大小、材料及其构造情况。

2. 外墙详图的识读方法

(1)了解墙身详图的图名和比例。

(2)了解墙脚构造。

(3)了解一层雨篷做法。

(4)了解中间节点。

(5)了解檐口部位。

3. 外墙详图的画法

墙身详图的比例较大,通常为1∶20,一般只表示三个节点,即墙脚、楼层与外墙、檐口。门窗因另有详图,用折断线省略。绘图的步骤如下:

第一步,画定位轴线、墙身线,确定地面线、楼面线和屋顶线。

第二步,画细部,并进行图案填充。

第三步,按要求线型加深图样,结构线用粗实线,其余用细实线。

第四步,进行尺寸标注,注写图名,完成墙身详图。

8.5.2　楼梯详图

1. 楼梯平面图

将建筑平面图中楼梯间的比例放大后画出的图样,称为楼梯平面图,比例通常为1∶50,包含楼梯底层平面图、楼梯标准层平面图和楼梯顶层平面图等。

楼梯平面图表达的内容有：

(1)楼梯间的位置。

(2)楼梯间的开间、进深、墙体的厚度。

(3)梯段的长度、宽度以及楼梯段上踏步的宽度和数量。

(4)休息平台的形状、大小和位置。

(5)楼梯井的宽度。

(6)各层楼梯段的起步尺寸。

(7)各楼层、各平台的标高。

(8)在底层平面图中还应标注出楼梯剖面图的剖切位置及剖切符号。

下面以图 8-21 所示的某商住楼楼梯平面图为例,说明其识读方法。

(1)了解楼梯间在建筑中的位置。

(2)了解楼梯间的开间、进深,墙体的厚度,门窗的位置。

(3)了解楼梯段、楼梯井和休息平台的平面形式、位置,踏步的宽度和数量。

(4)了解楼梯的走向以及上下行的起步位置。

(5)了解楼梯段各层平台的标高。

(6)在底层平面图中了解楼梯剖面图的剖切位置及剖视方向。

2.楼梯剖面图

楼梯剖面图是用假想的铅垂剖切平面,通过各层的一个梯段和门窗洞口将楼梯垂直剖切,向另一未剖切到的梯段方向投影所作的剖面图。

楼梯剖面图主要表达楼梯踏步、平台的构造、栏杆的形状以及相关尺寸,比例一般为1：50、1：30 或 1：40。

楼梯剖面图应注明各楼楼层面、平台面、楼梯间窗洞的标高、踢面的高度、踏步的数量以及栏杆的高度。

下面以图 8-22 所示某商住楼楼梯剖面图为例,说明楼梯剖面图的识读方法。

(1)了解楼梯的构造形式。

(2)了解楼梯在竖向和进深方向的有关尺寸。

(3)了解楼梯段、平台、栏杆、扶手等的构造和用料说明。

(4)了解被剖切梯段的踏步级数。

(5)了解图中的索引符号。

3.楼梯节点详图

楼梯节点详图主要表达楼梯栏杆、踏步、扶手的做法。若采用标准图集,则直接引注标准图集代号;若采用的形式特殊,则用 1：10、1：5、1：2 或 1：1 的比例详细表示其形状、大小、所采用材料以及具体做法。

4.楼层详图的绘制方法与步骤

楼梯详图包括楼梯平面图、楼梯剖面图和楼梯节点详图三部分内容,在图面布置时,尽量将这些图布置在一张图纸上,且平面图在左、剖面图在右。

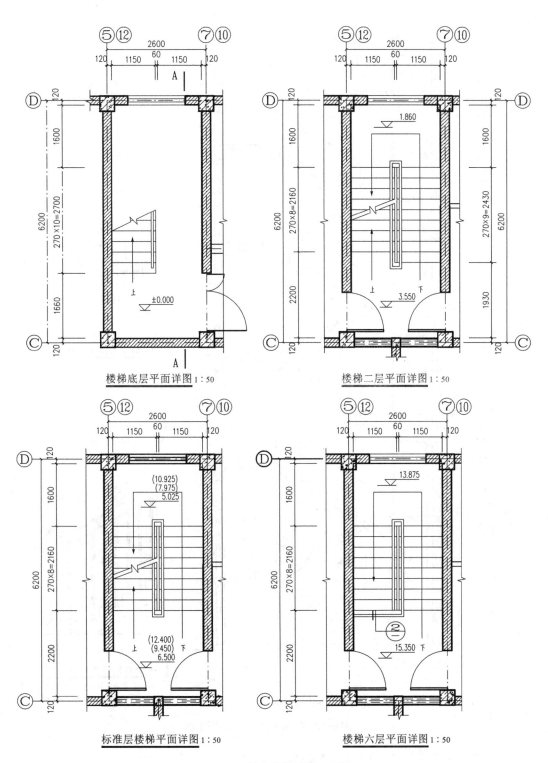

楼梯底层平面详图1:50

楼梯二层平面详图1:50

标准层楼梯平面详图1:50

楼梯六层平面详图1:50

图 8-21 某商住楼楼梯平面图

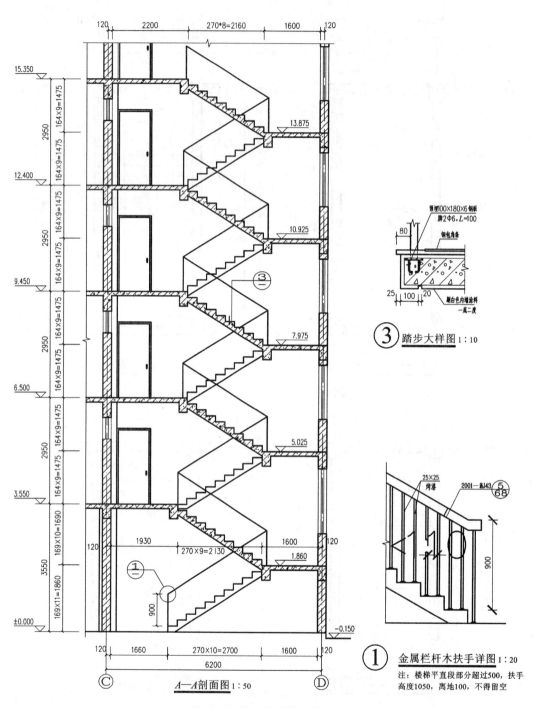

图 8-22 某商住楼楼梯剖面图

（1）楼梯平面图的画图步骤（图 8-23）。

第一步，画楼梯间的定位轴线及墙身线。

第二步，确定楼梯段的长度、宽度及平台的宽度，并等分梯段。

第三步,检查无误后,按要求加深图线,进行尺寸标注,完成楼梯平面图。

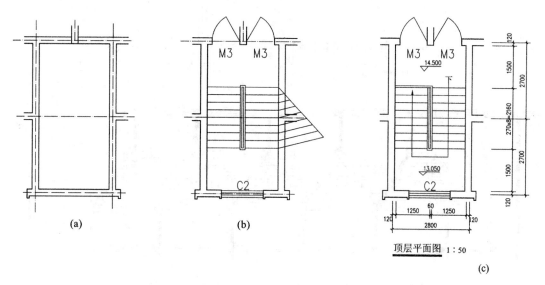

(a)　　　　　　　　　　(b)

顶层平面图 1:50

(c)

图 8-23　楼梯平面图的画图步骤

(2)楼梯剖面图的画法(图 8-24)。

第一步,画定位轴线、墙身线,定楼梯段、平台的位置。

第二步,等分楼梯段,等分时将第一个踏步画出,用斜线连接第一个踏步与相邻平台端部,等分该斜线,过该斜线的等分点分别作竖线和水平线,形成踏步。

第三步,画细部,如门窗、平台梁、楼梯栏杆等。

第四步,检查无误后,按要求加深图线,并进行尺寸标注,完成楼梯剖面图。

5.详图

由于建筑平面图的比例较小,卫生间平面图只能反映出卫生洁具的形状和数量,并不能具体反映这些洁具的具体位置、地面排水情况、地漏位置等,通常需要画出卫生间详图,该详图的比例通常为 1:50。图 8-25 所示为某商住楼的卫生间详图。

在不同的建筑施工图中,详图的数量、种类是不一样的,需根据实际情况确定。

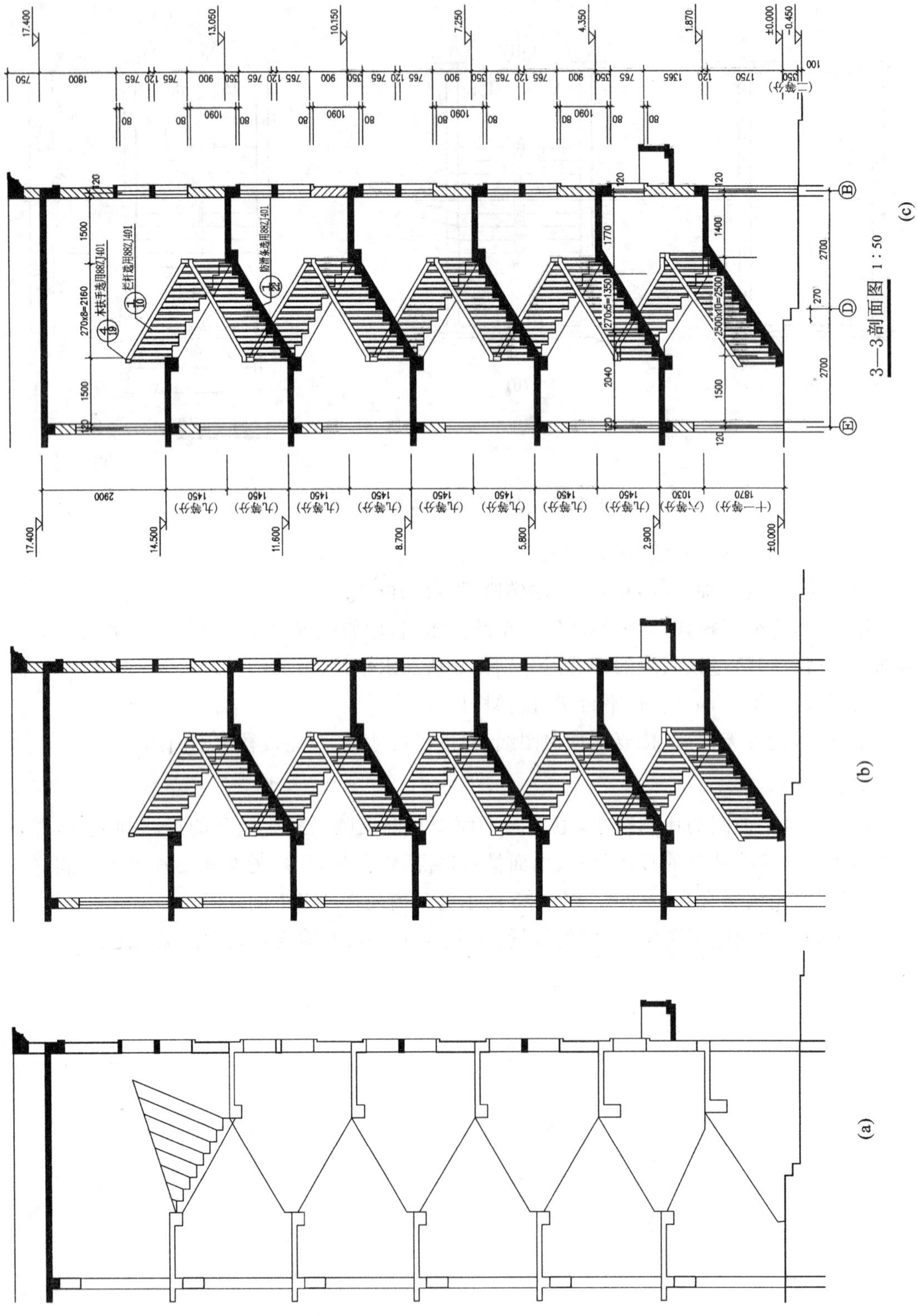

3—3剖面图 1:50 (c)

(b)

(a)

图 8-24　楼梯剖面图的画图步骤

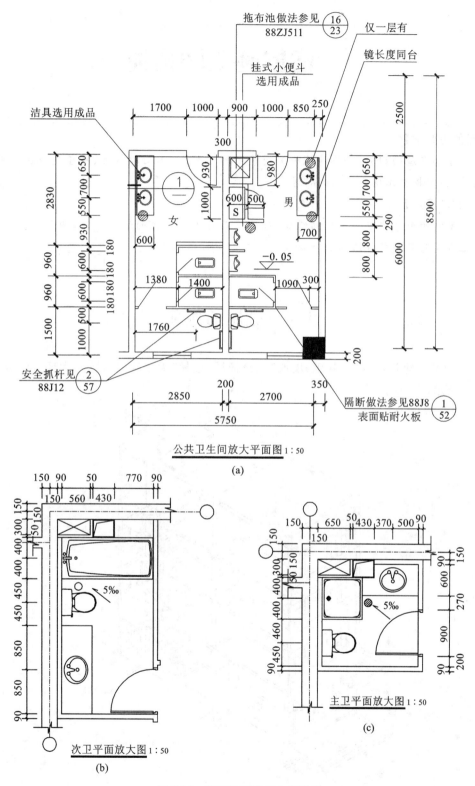

图 8-25 某商住楼的卫生间详图

9 房屋施工图概述

【目的与要求】
　　了解房屋的组成、房屋建筑施工图产生的过程、施工图的种类、房屋建筑施工图的特点;掌握施工图中常用的符号。
【内容与重点】
　　本章的教学重点是房屋的组成、房屋建筑施工图产生的过程、施工图的种类;教学难点是房屋建筑施工图的特点以及施工图中常用的符号。

9.1 房屋的组成

　　一幢民用建筑,一般由基础、墙或柱、楼板层、楼梯、屋顶和门窗等六大部分组成,如图 9-1 所示。

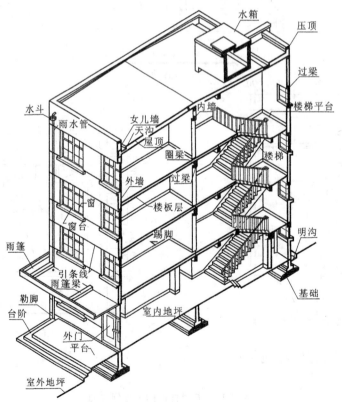

图 9-1 房屋的基本组成

9.1.1 基础

基础位于建筑的最下面,是建筑墙或柱的扩大部分,承受建筑上部的所有荷载并将其传给地基。因此,基础应具有足够的强度和耐久性,并能承受地下各种因素的影响。

常用的基础形式有条形基础、独立基础、筏形基础、箱形基础、桩基础等。使用的材料有砖、石、混凝土、钢筋混凝土等。

9.1.2 墙或柱

墙在建筑中起着承重、围护和分隔作用。要求墙体根据功能的不同分别具有足够的强度,稳定性,保温、隔热、隔声、防水、防潮等能力,并具有一定的经济性和耐久性。

柱子在建筑中的主要作用是承受其上梁、板的荷载,以及附加在其上的其他荷载。要求柱子应具有足够的强度、稳定性和耐久性。

9.1.3 楼板层

楼板层是楼房建筑水平方向的承重构件,按房间层高将整幢建筑沿水平方向分为若干部分,这充分利用了建筑的空间,大大增加了建筑的使用面积。

楼板层应具有足够的强度、刚度和隔声能力,并具有防潮、防水的能力。常用的楼板层为钢筋混凝土楼板层。

楼板层还应包括地坪,地坪是底层房间与土层相接的部分,它承受底层房间的荷载,因此应具有耐磨、防潮、防水、保温等不同的能力。

9.1.4 楼梯

楼梯是二层及二层以上建筑的垂直交通设施,供人们上下楼层和紧急情况下疏散之用。要求楼梯不仅要有足够的强度和刚度,还要有足够的通行能力、防火能力,且楼梯表面应具有防滑能力。

常用的楼梯有钢筋混凝土楼梯和钢楼梯。

9.1.5 屋顶

屋顶是建筑最上面的围护构件,起着承重、围护和美化作用。

作为承重构件,屋顶应有足够的强度,支撑其上的围护层、防水层和上面的附属物。

作为围护构件,屋顶主要起着防水、排水、保温、隔热作用。

屋顶应具有美化作用,屋顶不同的造型代表不同的建筑风格,反映不同的民族文化,是建筑造型设计的一个主要内容。

9.1.6 门窗

门主要供人们内外交通,窗则主要起采光、通风作用。

门窗都有分隔和围护作用。对某些特殊功能的房间,有时还要求门窗具有保温、隔热、隔声等功能。

目前常用的门窗有木门窗、钢门窗、铝合金门窗、塑钢门窗等。

9.2 房屋建筑施工图的种类

9.2.1 房屋建筑施工图的设计程序

1.初步设计阶段

设计人员接受任务后,首先应根据设计任务书、有关的政策文件、地质条件、环境、气候、文化背景等,明确设计意图,提出设计方案。

在设计方案中应包括总平面布置图、平面图、立面图、剖面图、效果图、建筑经济技术指标,必要时还包括建筑模型。经过多个方案的比较,最后确定综合方案,即为初步设计。

2.技术设计阶段

在已批准的初步设计的基础上,组织有关各工种的技术人员进一步解决各种技术问题,协调工种之间的矛盾,并进行深入的技术经济比较,使得设计在技术上、经济上都合理可行。

3.施工图设计阶段

施工图设计是各工种的设计人员根据初步设计方案和技术设计方案绘制,用来指导施工用的图样。其中,建筑设计人员设计建筑施工图,结构设计人员设计结构施工图,给排水设计人员设计给排水施工图,暖通设计人员设计采暖和通风施工图,建筑电气设计人员设计电气施工图。

房屋建筑施工图是为施工服务的,要求准确、完整、简明、清晰。

9.2.2 房屋建筑施工图的组成

1.建筑施工图

建筑施工图是表达建筑的平面形状、内部布置、外部造型、构造做法、装修做法的图样,一般包括施工图首页、总平面图、平面图、立面图、剖面图和详图。

2.结构施工图

结构施工图是表达建筑的结构类型,结构构件的布置、形状、连接、大小及详细做法的图样,包括结构设计说明、结构平面布置图和构件详图等。

3.设备施工图

设备施工图又分为给水、排水施工图,采暖、通风施工图和电气施工图,一般包括设计说明、平面布置图、空间系统图和详图。

4.装饰施工图

装饰施工图是反映建筑室内外装修做法的施工图,包括装饰设计说明、装饰平面图、装饰立面图和装饰详图。

一套完整的房屋建筑工程图在装订时要按专业顺序排列,一般依次为图纸目录、建筑设计总说明、总平面图、建筑施工图、结构施工图、给排水施工图、采暖施工图和电气施工图。

9.2.3 房屋建筑施工图的特点

(1)房屋建筑施工图除效果图、设备施工图中的管道线路系统图外,其余采用正投影的原理绘制,因此所绘图样符合正投影的特性。

(2)建筑物形体很大,绘图时都要按比例缩小。为反映建筑物的细部构造及具体做法,常配以较大比例的详图图样,并且用文字和符号加以详细说明。

(3)许多构配件无法如实画出,需要采用国家标准中规定的图例符号画出。有时国家标准中没有的,需要自己设计,并加以说明。

9.3 房屋建筑施工图中常用的符号及画法规定

9.3.1 图线

建筑工程图样中的图线执行《房屋建筑制图统一标准》(GB/T 50001—2017)中的有关图线的规定。

9.3.2 标高

标高是标注建筑物各部位或地势高度的符号。

(1)标高的分类。

①绝对标高:以我国青岛附近黄海的平均海平面为基准的标高。

②相对标高:在建筑工程施工图中,以建筑物首层室内主要地面为基准的标高。

③建筑标高:建筑装修完成后各部位表面的标高。

④结构标高:建筑结构构件表面的标高。

(2)标高的表示法。

标高符号是高度为3mm的等腰直角三角形,如图9-2所示。

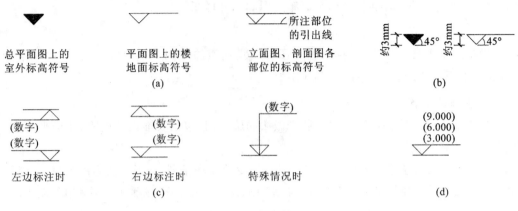

图 9-2 标高符号

(a)标高符号形式;(b)具体画法;(c)立面与剖面图上标高符号注法;(d)多层标注时

9.3.3 定位轴线

在施工图中,确定承重构件相互位置的基准线,称为定位轴线。

建筑需要在水平和竖直两个方向进行定位,用于平面定位的称为平面定位轴线,用于竖向定位的称为竖向定位轴线。定位轴线在砖混结构和其他结构中标定的方法不同。

(1)平面定位轴线。

①平面定位轴线的画法及编号。

根据《房屋建筑制图统一标准》(GB/T 50001—2017)的规定,定位轴线应用细点画线绘制,编号注写在定位轴线端部的圆内。

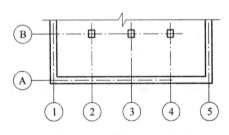

图 9-3 定位轴线的编号与顺序

定位轴线的编号方法如图 9-3 所示。

在组合较复杂的平面图中,定位轴线也可采用分区编号,如图 9-4 所示,编号的注写形式应为"分区号-该分区编号"。

在施工图中,两道承重墙中如有隔墙,隔墙的定位轴线应为附加轴线,附加轴线的编号方法采用分数的形式,如图 9-5 所示,分母表示前一根定位轴线的编号,分子表示附加轴线的编号。

如在①轴线或④轴线前有附加轴线,则应在分母中的 1 或 A 前加注 0,如图 9-6 所示。

如果一个详图适用于几根轴线,应同时注明各有关轴线的编号,如图 9-7 所示。

圆形剖面图中定位轴线的编号,其径向轴线宜用阿拉伯数字表示,从左下角开始,按逆时针顺序编号;其圆周轴线宜用大写拉丁字母表示,按从外向内顺序编号,如图 9-8 所示。

折线形平面图中定位轴线可按图 9-9 所示的形式编号。

②平面定位轴线的标定。

a. 砖混结构平面定位轴线的标定。

(a)承重外墙定位轴线的标定。

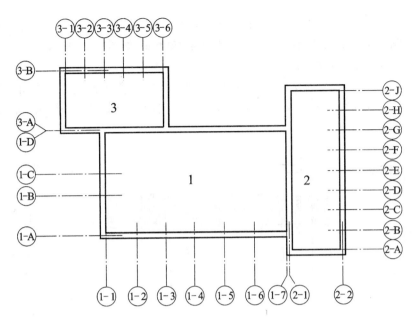

图 9-4 定位轴线的分区编号

$\frac{1}{2}$ 表示2轴线之后附加的第一根轴线 $\frac{1}{01}$ 表示1轴线之前附加的第一根轴线

$\frac{3}{C}$ 表示C轴线之后附加的第三根轴线 $\frac{3}{0A}$ 表示A轴线之前附加的第三根轴线

图 9-5 附加轴线的标注   图 9-6 起始轴线前附加轴线的标注

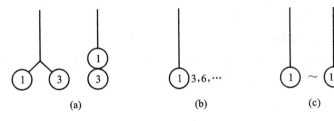

(a)   (b)   (c)

图 9-7 详图的轴线编号

(a)用于 2 根轴线时;(b)用于 3 根或 3 根以上轴线时;(c)用于 3 根以上连续编号的轴线时

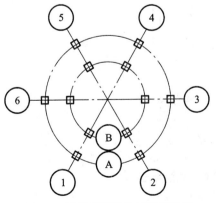

图 9-8 圆形平面定位轴线的编号

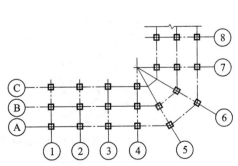

图 9-9 折线形平面定位轴线的编号

当底层墙体与顶层墙体厚度相同时,定位轴线距离墙内缘 120mm;当底层墙体与顶层墙体厚度不同时,定位轴线距离顶层墙体内缘 120mm,如图 9-10 所示。

(b)承重内墙定位轴线的标定。

承重内墙定位轴线与顶层内墙中线重合,如果承重内墙上下厚度不同,下面较厚,上面对称变薄,定位轴线与上下墙体中线重合;如果上下墙体不是对称形,则定位轴线与顶层墙体中线重合,如图 9-11 所示。

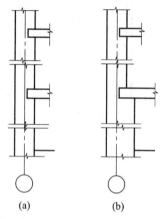

图 9-10　承重外墙定位轴线的标定

(a)底层墙体与顶层墙体厚度相同;

(b)底层墙体与顶层墙体厚度不同

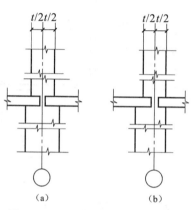

图 9-11　承重内墙定位轴线的标定

(a)定位轴线中分底层墙身;

(b)定位轴线偏分底层墙身

(c)非承重墙定位轴线的标定。

由于非承重墙体不承重,因此,其定位轴线的标定可按承重墙定位轴线的方法标定,还可以使墙身内缘与平面定位轴线重合。

(d)变形缝处定位轴线的标定。

若建筑变形缝两侧为双墙,则定位轴线分别设在距顶层墙体内缘 120mm 处;若两侧墙体均为非承重墙,则定位轴线分别与顶层墙体内缘重合,如图 9-12 所示。如带有连系尺寸,标定方法如图 9-13 所示。

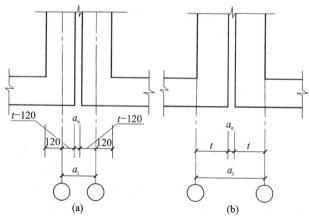

图 9-12　变形缝处的定位轴线的标定

(a)按外承重墙处理;(b)按非承重墙处理

t—外墙上部墙体厚度;a_e—变形缝尺寸;a_i—轴线间距离

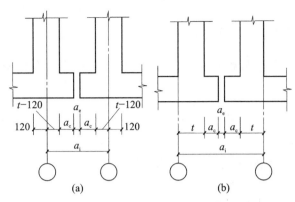

图 9-13 变形缝处带连系尺寸的定位轴线的标定

(a)按外承重墙处理;(b)按非承重墙处理

t—外墙上部墙体厚度;a_c—下部墙体突出尺寸;a_e—变形缝尺寸;a_i—轴线间距离

b. 框架结构定位轴线的标定。

在框架结构的建筑中,承重柱子分为边柱和中柱。中柱定位轴线的标定与柱子中线重合,边柱定位轴线一般与顶层柱截面中心重合或距柱外缘 250mm 处,如图 9-14 所示。

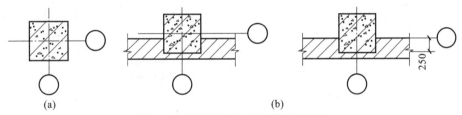

图 9-14 框架结构柱定位轴线的标定

(a)中柱;(b)边柱

(2)竖向定位轴线的标定。

建筑竖向定位轴线应与楼(地)面面层上表面重合,屋面竖向定位轴线应为屋面结构层上表面与距墙内缘 120mm 处的外墙定位轴线的相交处,如图 9-15 所示。

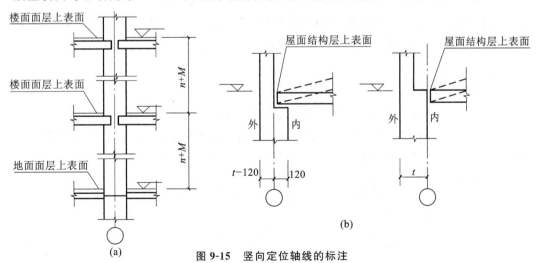

图 9-15 竖向定位轴线的标注

(a)砖墙楼地面的竖向定位;(b)屋面竖向定位

n—楼板厚度;M—室内净高;t—外墙上部墙体厚度

169

9.3.4 索引符号与详图符号

在图样中,如某一局部另绘有详图,应以索引符号索引。详图的位置和编号应以详图符号表示,如表 9-1 所示。

表 9-1 索引符号与详图符号

名称	表示方法	备注
详图的索引符号	⑤—详图的编号—详图在本页图纸内　⑤/②—详图的编号—详图所在的图纸编号　　J103 ⑤/③—标准图集的编号—详图的编号—详图所在的图纸编号	圆圈直径为 10,线宽为 0.25d
剖面索引符号	⑤—详图的编号—详图在本页图纸内　⑤/②—详图的编号—详图所在的图纸编号　　J103 ⑤/③—详图的编号—详图所在的图纸编号	圆圈画法同上,粗短线代表剖切位置,引出线所在的一侧为剖视方向
详图符号	⑤—详图的编号(详图在被索引的图纸内)　⑤/④—详图的编号—被索引的详图所在图纸编号	圆圈直径为 14,线宽为 d

零件、钢筋、杆件、设备等的编号应以直径为 4~6mm(同一图样应保持一致)的细实线圆绘制,其编号应用阿拉伯数字按顺序编写。

9.3.5 引出线

引出线应以细实线绘制,采用水平方向的直线,或与水平方向成 30°、45°、60°、90°的直线,或经上述角度再折为水平线。文字说明应注写在水平线的上方,也可注写在水平线的端部。索引详图的引出线应与水平直线相连接。如图 9-16 所示。

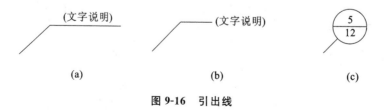

(a)　　　　　　　(b)　　　　　　　(c)

图 9-16 引出线

　　同时引出几个相同部分的引出线,宜互相平行,也可画成集中于一点的放射线,如图 9-17 所示。

图 **9-17**　共用引出线

　　多层构造或多层管道共用引出线,应通过被引出的各层,如图 9-18 所示。

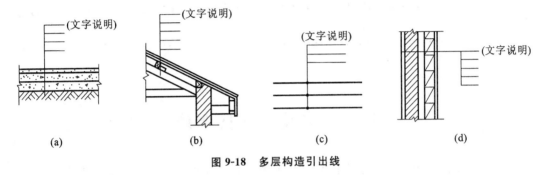

图 **9-18**　多层构造引出线

9.3.6　指北针

　　如图 9-19 所示,指北针的圆的直径为 24mm,细实线绘制,指针头部应注写"北"或"N"。当图样较大时,指北针可放大,放大后的指北针,尾部宽度为圆直径的 1/8。

图 **9-19**　指北针

10 装饰施工图识图

10.1　装饰施工图概述

　　装饰施工图是用于表达建筑物室内外装饰美化要求的图样。它是以透视效果图为主要依据,采用正投影等投影法反映建筑的装饰结构、装饰造型、饰面处理,以及家具、陈设、绿化等布置内容。

　　1.装饰施工图的特点
　　(1)装饰施工图涉及面广。
　　(2)装饰施工图的比例较大。
　　(3)装饰施工图的图例没有统一的标准,有时须加文字注释。
　　(4)标准定型化设计少。
　　(5)装饰施工图细腻、生动。

　　2.装饰施工图的内容
　　装饰施工图包括基本图和详图。基本图又包括装饰平面图、装饰立面图、装饰剖面图。详图包括装饰构配件详图、装饰节点详图。

　　3.装饰施工图图纸的排列原则
　　表现性图纸在前,技术性图纸在后,装饰施工图在前,室内配套设备施工图在后,基本图在前,详图在后,先施工的在前,后施工的在后。

　　4.建筑装饰室内设计图例
　　(1)常用建筑装饰室内设计图例。
　　常用建筑装饰室内设计图例见表 10-1～表 10-4。

表 10-1　　　　　　　　　　　　　常用室内设计图例

名称	图例	名称	图例	名称	图例
双人床		浴盆		灶具	
单人床		蹲便器		洗衣机	
沙发		坐便器		空调	ACU
凳、椅		洗手盆		吊扇	
桌、茶几		洗菜盆		电视机	
地毯		拖布池		台灯	
花卉、树木		淋浴器		吊灯	
衣橱		地漏	%	吸顶灯	
吊柜		帷幔		壁灯	

表 10-2   常用卫生设备及水池图例

序号	名称	图例
1	立式脸盆	平面　　　　　　　　正立面　　　　　　　　侧立面
2	台式脸盆	平面　　　　　　　　正立面　　　　　　　　侧立面
3	挂式脸盆	平面
4	浴缸	平面　　　　　　　　正立面　　　　　侧立面
5	冲淋房	平面　　　　　　　　　　正立面

续表

序号	名称	图例
6	冲淋盆	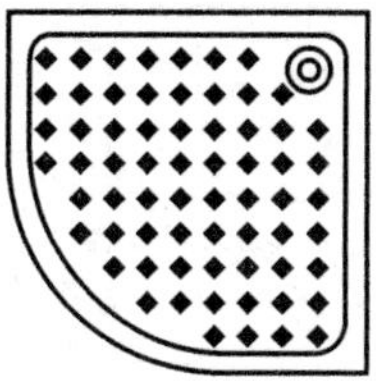 平面 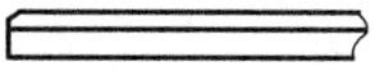　　　　　　　　　正立面

表 10-3　　　　　　　　　　　**常用灯光照明图例**

序号	名称	图例	序号	名称	图例
1	艺术吊顶		9	格栅射灯	
2	吸顶灯		10	300mm×1200mm 日光灯（光灯管以虚线表示）	
3	射墙灯		11	600mm×600mm 日光灯	
4	冷光筒灯		12	暗灯槽	
5	暖光筒灯		13	壁灯	
6	射灯		14	水下灯	
7	导轨射灯		15	踏步灯	

表 10-4 常用开关、插座图例

序号	名称	图例	备注
1	插座面板 （正立面）		
2	电话接口 （正立面）		
3	电视接口 （正立面）		
4	单联开关 （正立面）		
5	双联开关 （正立面）		
6	三联开关 （正立面）		
7	四联开关 （正立面）		
8	地插座 （正立面）		
9	二极 扁圆插座		暗装，高地 2.0m，供排气扇用
10	二三极 扁圆插座		暗装，高地 1.3m
11	二三极 扁圆地插座		带盖地装插座
12	二三极 扁圆插座	L	暗装，高地 0.3m
13	二三极 扁圆插座	H	暗装，高地 2.0m

序号	名称	图例	备注
14	带开关 二三极插座		暗装,高地 1.3m
15	普通型 三极插座		暗装,高地 2.0m,供空调用电

(2)其他图例。

第 9 章已经对索引符号、详图符号、详图的索引标志、标高符号及指北针做了详细介绍,不再赘述。本章重点介绍内视符号(立面索引符号)。

为了表达室内立面在平面图中的位置,应在平面图上用内视符号注明视点位置、方向及立面编号。

内视符号(图 10-1)用直径为 8～12mm 的细实线圆圈加实心箭头和字母表示。箭头和字母所在的方向表示立面图的投影方向,同时相应字母也被作为对应立面图的编号。如箭头指向 A 方向的立面图称为 A 立面图,箭头指向 B 方向的立面图称为 B 立面图等。

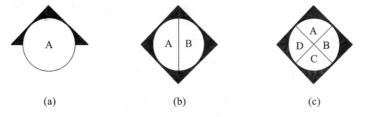

(a)　　　　　　　(b)　　　　　　　(c)

图 10-1　内视符号

(a)单面内视符号;(b)双面内视符号;(c)四面内视符号

为表示室内立面在平面上的位置,应在平面图中用立面索引符号(图 10-2)注明视点位置、方向及立面的编号。立面索引符号由直径为 8～12mm 的圆构成,以细实线绘制,并以等腰直角三角形为投影方向共同组成。

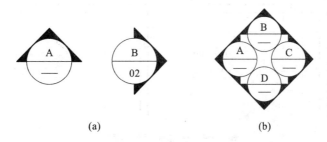

(a)　　　　　　　　　　(b)

图 10-2　立面索引符号

圆内直线以细实线绘制,在立面索引符号的上半圆内用字母标识表示立面图的编号,下半圆内的数字表示该立面图所在图纸的编号。

10.2 建筑装饰平面图

10.2.1 建筑装饰平面图概述

(1)平面图的主要内容。

平面图主要表示建筑的墙、柱(图10-3)、门、窗洞口的位置和门的开启方式;隔断、屏风、帷幕等空间分隔物的位置和尺寸;台阶、坡道、楼梯、电梯的形式及地坪标高的变化;卫生洁具和其他固定设施的位置和形式;家具、陈设的位置和形式;顶棚及楼地面的装饰方法(图10-4)。

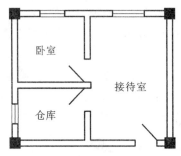

图 10-3 钢筋混凝土墙、柱的涂黑画法

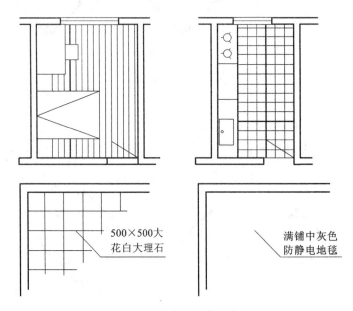

图 10-4 楼地面的表示方法

(2)平面布置图。

平面布置图通常是设计过程中首先涉及的内容,空间的划分、功能的分区是否合理关系使用效果和感受。

(3)平面图的画法。

一般地，凡是剖到的墙、柱的断面轮廓线用粗实线表示；家具、陈设、固定设备的轮廓线用中实线表示；其余投影线用细实线表示。

(4)平面图的标注。

在平面图中应注写各个房间的名称，房间开间、进深以及主要空间分隔物和固定设备的尺寸，不同地坪的标高，立面指向符号，详图索引符号，图名和比例等。

(5)平面布置图的画法步骤。

①选比例、定图幅。

②画出建筑主体结构平面图。

③画出厨房设备、家具、卫生洁具、电器设备、隔断、装饰构件等的布置。

④标注尺寸、剖面符号、详图索引符号、图例名称、文字说明。

⑤画出地面的拼花造型图案、绿化等。

⑥描粗、整理图线。

(6)平面布置图表达内容。

①建筑主体结构。

②各功能空间的家具的形状和位置。

③厨房、卫生间的橱柜、操作台、洗手台、浴缸、坐便器等形状和位置。

④家用电器的形状和位置。

⑤隔断、绿化、装饰构件、装饰小品。

⑥标注建筑主体结构的开间和进深等尺寸、主要装修尺寸。

⑦装修要求等文字说明。

10.2.2　楼地面装饰平面图

1.楼地面装饰平面图的形成与图示方法

楼地面装饰平面图是用一个假想的水平剖切平面在窗台略上的位置剖切后，移去上面的部分，向下所作的正投影图。

其与建筑平面图基本相似，不同之处是在建筑平面图的基础上增加了装饰和陈设的内容。

2.楼地面装饰平面图的图示内容

(1)建筑平面的基本结构和尺寸。

(2)装饰结构的平面位置和形式，以及饰面材料和工艺要求。

(3)装饰结构与配套设施的尺寸标注。

(4)室内家具、陈设、织物、绿化的摆放位置及说明。

(5)视图符号。

3.楼地面装饰平面图的识读

楼地面装饰平面图能够反映出建筑平面的基本结构和尺寸，地面装饰的形式及饰面材料等，如图10-5所示。

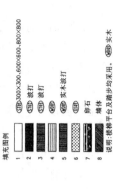

图 10-5 楼地面装饰平面图

10.2.3 顶棚装饰平面图

1.顶棚装饰平面图的形成

顶棚装饰平面图(又称天花图)的形成方法与建筑平面图基本相同,不同之处是投射方向恰好相反。

顶棚装饰平面图一般采用镜像投影的方法表示,即假想在地面上放一面镜子,顶棚构造在镜子中的成像,称为顶棚装饰平面图。

顶棚装饰平面图反映房间顶棚的形状、装饰做法及配置设备的位置、尺寸等。

2.顶棚装饰平面图的内容

(1)建筑主体结构,一般可以不表示(虚线表示门窗位置)。

(2)顶棚造型、灯饰、空调风口、排气扇、消防设施的轮廓线,条块饰面材料的排列方向线,如图 10-6 所示。具体如下。

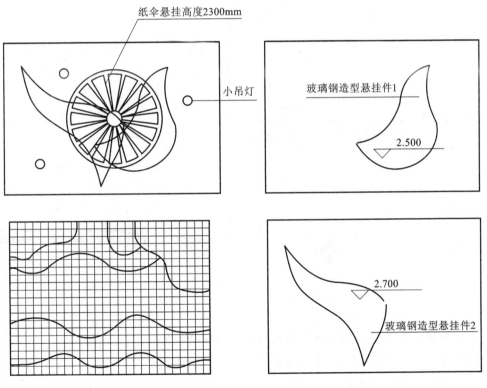

图 10-6 顶棚造型示意图

①复杂的顶棚造型,可用大比例单独画局部顶棚装饰平面图。

②曲线形顶棚可单独画网格图。

③层次较多的吊顶或悬浮式吊顶可分层绘制。

④有造型的顶棚须标出施工大样索引和剖切方向。

⑤特殊顶棚注明:"现场顶棚放线需由设计师审核确认"。

(3)建筑主体结构的主要轴线、轴号,主要尺寸。

(4)顶棚造型及各类设施的定形、定位尺寸、标高。具体如下。

①外尺寸:二道。

②内尺寸:顶棚定形、定位尺寸,灯具定位尺寸(以孔中心为准)。

③标高:以装修后的地面高度为准。

④文字说明:材质工艺。

表 10-5 所示为顶棚设备图例。

表 10-5 顶棚设备

顶棚设备	图例	顶棚设备	图例
排风门		喷淋头	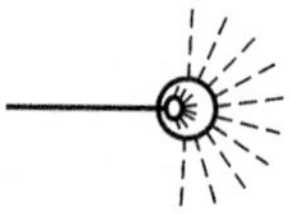
空调封口一、二			
烟感器		防火卷帘	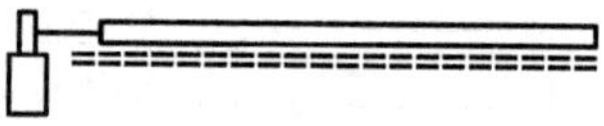

(5)顶棚的各类设施、各部位的饰面材料、涂料规格、名称、工艺说明。

(6)节点详图索引或剖面、断面等符号。

3.顶棚装饰平面图的标注

顶棚装饰平面图需标注以下内容:顶棚底面和分层吊顶的标高;分层吊顶的尺寸、材料;灯具、风口等设备的名称、规格和能够明其位置的尺寸;详图索引符号;图名和比例等。

为了表达清楚,避免产生歧义,一般把顶棚装饰平面图中使用过的图例列表加以说明,如表 10-6 所示。

表 10-6   顶棚装饰平面图图例说明

图例	说明	图例	说明
C-01	轻钢龙骨石膏板吊顶天花	C-02	暗架龙骨白色方块铝板 吊顶天花 300mm×300mm
C-03	建筑天花油白	 ◉	吸顶灯/吊灯
 ✛	石英射灯	✛	4″防雾筒灯
 ▤	暖风/排风风扇		

4.开关平面图内容

(1)建筑平面。

(2)灯具及开关(须注明开关高度,一般为 1300mm)。

(3)电气接线(点画线)。

(4)电器说明及图例。

5.插座平面图内容

(1)室内平面。

画出室内平面图,在室内平面图中标注插座位置等相关内容。

(2)用图例标出各种插座,并标出高度及离墙尺寸。

①普通插座(如床头灯插座),高度 300mm。

②台灯插座,高度 750～800mm。

③电视、音响设备插座,高度 500～600mm(以所选用的家具为依据)。

④冰箱、厨房预留插座,高度 1400mm。

⑤弱电插座(电视、宽带、电话接口),高度与一般插座相同。

(3)家具以浅灰色细线表示。

图 10-7 所示为某一室内空间中的插座定位图,在图中可表示出不同位置插座高度等相关内容。

6.顶棚装饰平面图的识读

图 10-8 所示为某一空间的顶棚装饰平面图,在图中能够表示出顶棚的造型、材料等相关内容。

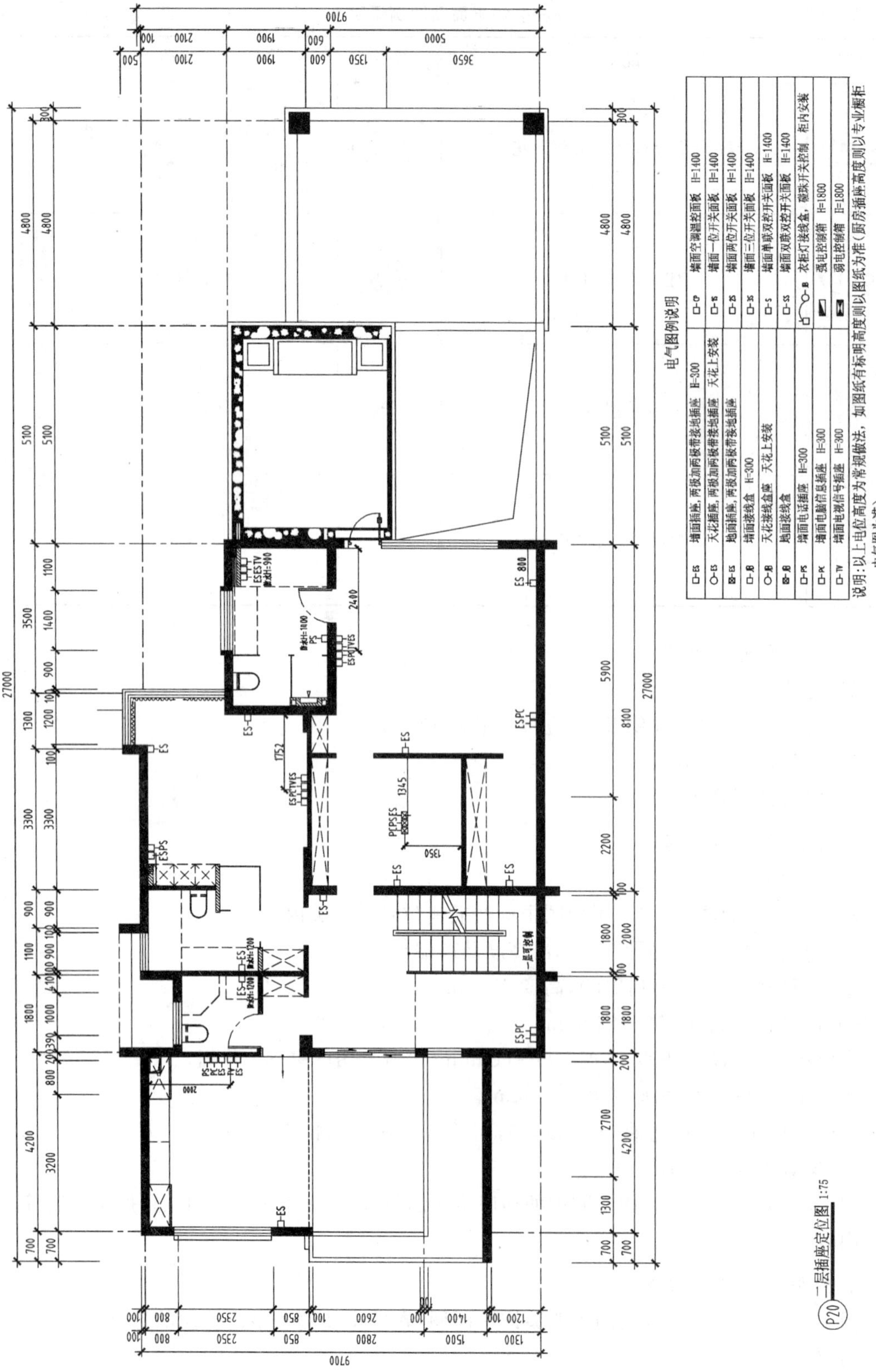
电气图例说明
ES 墙面插座，两极加两极带接地插座 H=300
ES 天花插座，两极加两极带接地插座 天花上安装
ES 地面插座，两极加两极带接地插座
JB 墙面接线盒 H=300
JB 天花接线盒座 天花上安装
JB 地面接线盒
PS 墙面电话插座 H=300
PC 墙面电脑信息插座 H=300
TV 墙面电视信号插座 H=300
CP 墙面空调温控面板 H=1400
1S 墙面一位开关面板 H=1400
2S 墙面两位开关面板 H=1400
3S 墙面三位开关面板 H=1400
S 墙面单联双控开关面板 H=1400
SS 墙面双联双控开关面板 H=1400
B 衣柜灯接线盒，碰珠开关控制 柜内安装
强电控制箱 H=1800
弱电控制箱 H=1800
说明：以上电位高度为常规做法，如图纸有标明高度则以图纸为准（厨房插座高度则以专业橱柜电气图为准）
二层插座定位图 1:75
P20

图10－7 二层插座定位图

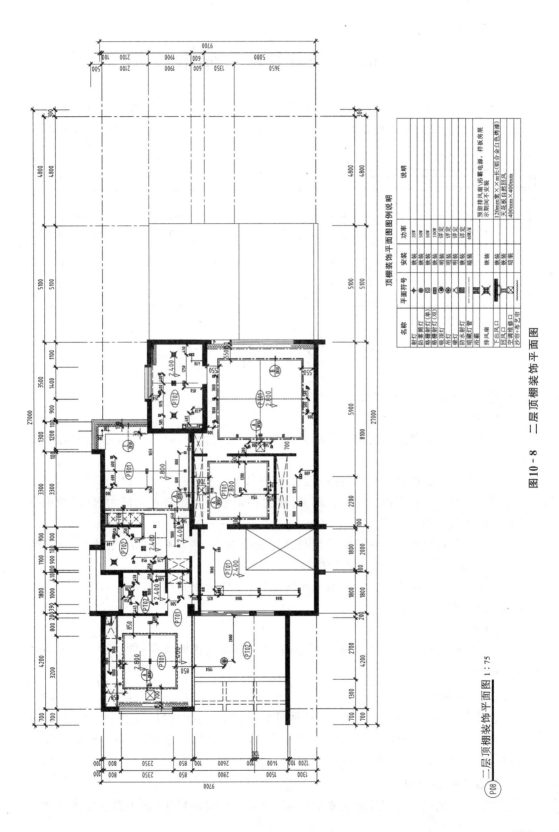

图 10 - 8　二层顶棚装饰平面图

10.3 建筑装饰立面图

立面图和剖立面图主要区别是:剖立面图中需画出被剖的侧墙及顶部楼板和顶棚等,而立面图是直接绘制垂直界面的正投影图,画出侧墙内表面,不必画侧墙及楼板等。

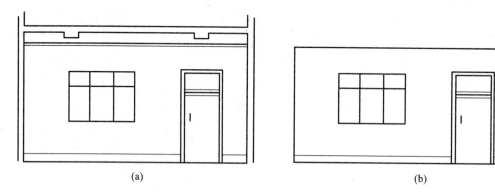

(a)   (b)

图 10-9 剖立面图和立面图的比较

(a)剖立面图;(b)立面图

1.建筑装饰立面图的形成与作用

(1)形成。

将建筑物装饰的外部墙面或内部墙面向与其平行的投影面所作的正投影图称为装饰立面图。

绘制室内装饰立面图目前采用的方法主要有以下三种。

①第一种是假想将室内空间垂直剖开,移去剖切平面和观察者之间的部分,对剩余部分所作的正投影图。

②第二种是假想将室内各墙面沿面与面相交处拆开,移去不予图示的墙面,将剩余墙面及其装饰布置沿铅直投影面所作的投影。

③第三种是设想将室内各墙面沿某轴阴角拆开,依次展开,直至都平行于同一投影面所形成的立面展开图。

(2)作用。

其反映墙面或柱面的装饰造型、饰面处理以及剖切到顶棚的端面形状、投影到的灯具或风管等。

2.建筑装饰立面图的内容

建筑装饰立面图的内容包括墙面、柱面的装修做法,包括材料、造型、尺寸等;门、窗及窗帘的形式和尺寸;隔断、屏风等的外观和尺寸;墙面、柱面上的灯具、挂件、壁画等装饰;山石、水体、绿化的做法形式等。

3.装饰立面图的画法

装饰立面图的最外轮廓线用粗实线绘制,地坪线可用加粗线(粗于标注粗度的 1.4

倍)绘制,装修构造的轮廓和陈设的外轮廓线用中实线绘制,对材料和质地的表现宜用细实线绘制。

4.立面图的标注

纵向尺寸、横向尺寸和标高;材料的名称;详图索引符号;图名和比例等。

5.常用比例

室内立面图常用的比例是 1:50、1:30,在这个比例范围内,基本可以清晰地表达出室内立面上的形体。

6.装饰立面图的识读

图 10-10(a)、(b)所示分别为某一空间中客厅 A、C 立面图,图中能够反映出两个立面上包含的内容。

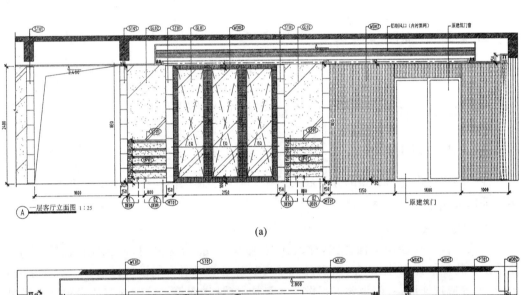

(a)

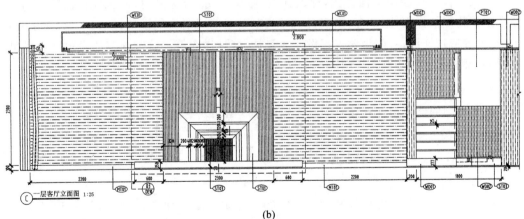

(b)

| ST01 派克米黄 | ST03 啡水晶大理石 | GL01 墨玻 | GL02 墨镜 | PT01 白色涂料 | WD01 紫檀实木地板 |
| WD02 白影木 | WD03 直纹橡木染色 | MT01 铝塑板 | WC01 墙纸 | UP01 人造皮门板 | |

图 10-10　客厅 A、C 立面图

(a)客厅 A;(b)客厅 C

7. 立面图的画法

第一步:结合平面图,取适当比例(**常用** 1∶100、1∶50),绘制建筑结构的轮廓(一般要剖过门或窗等洞口部位)。

第二步:绘制室内各种家具、设备,比如床、柜、窗帘等。

第三步:标注各装饰面的材料、色彩。

第四步:标注相关尺寸,某些部位若须绘制详图,应绘制相应的索引符号,书写图名和比例。

10.4　建筑装饰剖面图与详图

10.4.1　剖面图

(1)概念:建筑装饰剖面图是用假想的剖切平面将建筑某部位垂直剖开得到的正投影图。

(2)用途:主要表示该部位的内部构造情况。

10.4.2　详图

详图是室内设计中重点部分的放大图和结构做法图。一个工程需要画多少详图、画哪些部位的详图要根据设计情况、工程大小以及复杂程度而定。

1. 详图的主要内容

一般工程需要绘制墙面详图,柱面详图,楼梯详图,特殊的门、窗、隔断、暖气罩和顶棚等建筑构配件详图,服务台、酒吧台、壁柜、洗面池等固定设施设备详图,水池、喷泉、假山、花池等造景详图,专门为该工程设计的家具、灯具详图等。绘制内容通常包括纵横剖面图、局部放大图和装饰大样图。

2. 详图的画法

凡是剖到的建筑结构和材料的断面轮廓线以粗实线绘制,其余以细实线绘制。

3. 详图的标注

详细标注加工尺寸、材料名称以及工程做法。

4. 详图的识读

图 10-11 所示为一衣柜大样详图,在图中详细标注了加工尺寸、材料名称及工程做法。

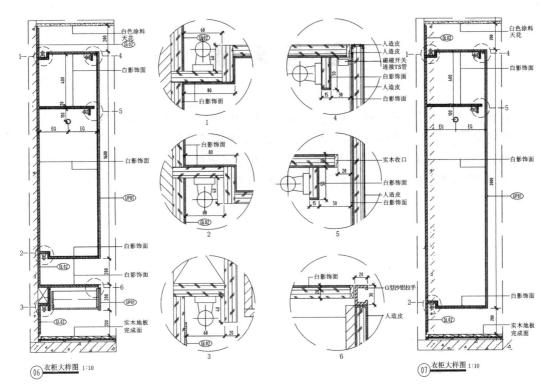

图 10-11　衣柜大样详图

经典常见习题
例子解答

参 考 文 献

[1] 高祥生.装饰设计制图与识图[M].2版.北京:中国建筑工业出版社,2015.

[2] 张绮曼,郑曙旸.室内设计资料集[M].北京:中国建筑工业出版社,1991.

[3] 高祥生.装饰构造图集[M].南京:江苏科学技术出版社,2001.

[4] 刘甦,太良平.室内装饰工程制图[M].3版.北京:中国轻工业出版社,2012.